Make Every Choice Matter

环保 · 创新

8月6日，借奥运开幕之际，全球厨卫经典品牌--科勒在其位于上海市南京西路的科勒设计中心开展了主题为"Make Every Choice Matter 环保·创新"的设计师互动活动。通过专业人士的演说及现场环保产品的展示，展现出科勒作为国家体育场--鸟巢的指定卫浴供应商，以及LEED "美国能源及环境先导计划"的积极响应者，推进绿色环保及可持续发展事业的决心，同时也呼吁全体设计界人士把绿色环保作为行动的指南。

The KOHLER. Showroom
科勒 设计中心
地址：上海市南京西路456号
电话：021-53755358 传真：021-53755060
免费咨询热线：800 820 2628
kohler.com.cn

KOHLER
科勒 厨卫经典

阿 姆 斯 壮

阿姆斯壮世界工业有限公司创建于1860年,总部位于美国宾夕法尼亚州,如今已成为世界性的天花吊顶、地材系统以及橱柜方面的生产及市场领导者。2007年阿姆斯壮全球年销售额为35亿美元。在10个国家拥有48家工厂,全球员工超过12,800名。

我们重视承诺,说到做到。

阿姆斯壮世界工业(中国)有限公司　　电话:021-6391 3366　传真:021-6391 2021　上海市福州路318号高腾大厦22楼(200001)
Armstrong World Industries(China)Ltd.　22/F Cross Tower,318Fuzhou Road,Shanghai 200001
北京办公室:010-6517 1061　　　广州办公室:020-8375 3862

www.armstrong.cn

ARCHITECTURAL RECORD

EDITOR IN CHIEF	Robert Ivy, FAIA, *rivy@mcgraw-hill.com*
MANAGING EDITOR	Beth Broome, *elisabeth_broome@mcgraw-hill.com*
SENIOR GROUP ART DIRECTOR	Francesca Messina, *francesca_messina@mcgraw-hill.com*
DEPUTY EDITORS	Clifford A. Pearson, *pearsonc@mcgraw-hill.com*
	Suzanne Stephens, *suzanne_stephens@mcgraw-hill.com*
	Charles Linn, FAIA, Profession and Industry, *linnc@mcgraw-hill.com*
SENIOR EDITORS	Joann Gonchar, AIA, *joann_gonchar@mcgraw-hill.com*
	Jane F. Kolleeny, *jane_kolleeny@mcgraw-hill.com*
	Josephine Minutillo, *josephine_minutillo@mcgraw-hill.com*
PRODUCTS EDITOR	Rita Catinella Orrell, *rita_catinella@mcgraw-hill.com*
NEWS EDITOR	Jenna McKnight, *jenna_mcknight@mcgraw-hill.com*
SPECIAL SECTIONS EDITOR	Linda C. Lentz, *linda_lentz@mcgraw-hill.com*
DEPUTY ART DIRECTOR	Kristofer E. Rabasca, *kris_rabasca@mcgraw-hill.com*
ASSOCIATE ART DIRECTOR	Encarnita Rivera, *encarnita_rivera@mcgraw-hill.com*
PRODUCTION MANAGER	Juan Ramos, *juan_ramos@mcgraw-hill.com*
WEB DESIGN	Susannah Shepherd, *susannah_shepherd@mcgraw-hill.com*
WEB PRODUCTION	Laurie Meisel, *laurie_meisel@mcgraw-hill.com*
EDITORIAL SUPPORT	Linda Ransey, *linda_ransey@mcgraw-hill.com*
ILLUSTRATOR	I-Ni Chen
CONTRIBUTING EDITORS	Sarah Amelar, Robert Campbell, faia, Andrea Oppenheimer Dean, David Dillon, Lisa Findley, Sara Hart, Blair Kamin, Nancy Levinson, Jayne Merkel, Robert Murray, B.J. Novitski, Andrew Pressman, faia, David Sokol, Michael Sorkin, Michael Speaks, Ingrid Spencer
SPECIAL INTERNATIONAL CORRESPONDENT	Naomi R. Pollock, AIA
INTINTERNATIONAL CORRESPONDENTS	David Cohn, Claire Downey, Tracy Metz
GROUP PUBLISHER	James H. McGraw IV, *jay_mcgraw@mcgraw-hill.com*
VP, ASSOCIATE PUBLISHER	Laura Viscusi, *laura_viscusi@mcgraw-hill.com*
VP, GROUP EDITORIAL DIRECTOR	Robert Ivy, FAIA, *rivy@mcgraw-hill.com*
DIRECTOR, CIRCULATION	Maurice Persiani, *maurice_persiani@mcgraw-hill.com*
	Brian McGann, *brian_mcgann@mcgraw-hill.com*
DIRECTOR, MULTIMEDIA DESIGN & PRODUCTION	Susan Valentini, *susan_valentini@mcgraw-hill.com*
DIRECTOR, FINANCE	Ike Chong, *ike_chong@mcgraw-hill.com*
PRESIDENT, McGRAW-HILL CONSTRUCTION	Norbert W. Young Jr., FAIA

Editorial Offices: 212/904-2594. Editorial fax: 212/904-4256. E-mail: rivy@mcgraw-hill.com. Two Penn Plaza, New York, N.Y. 10121-2298. web site: www.architecturalrecord.com. Subscriber Service: 877/876-8093 (U.S. only). 609/426-7046 (outside the U.S.). Subscriber fax: 609/426-7087. E-mail: p64ords@mcgraw-hill.com. AIA members must contact the AIA for address changes on their subscriptions. 800/242-3837. E-mail: members@aia.org. INQUIRIES AND SUBMISSIONS: Letters, Robert Ivy; Practice, Charles Linn; Books, Clifford Pearson; Record Houses and Interiors, Jane Kolleeny; Products, Rita Catinella Orrell; Lighting, Linda Lentz; Web Editorial, William Hanley

McGraw_Hill CONSTRUCTION — The McGraw·Hill Companies

This Yearbook is published by China Architecture & Building Press with content provided by McGraw-Hill Construction. All rights reserved. Reproduction in any manner, in whole or in part, without prior written permission of The McGraw-Hill Companies, Inc. and China Architecture & Building Press is expressly prohibited.

《建筑实录年鉴》由中国建筑工业出版社出版，麦格劳希尔提供内容。版权所有，未经事先获得中国建筑工业出版社和麦格劳希尔有限总公司的书面同意，明确禁止以任何形式整体或部分重新出版本书。

建筑实录 年鉴 VOL.3/2008

主编 EDITORS IN CHIEF
Robert Ivy, FAIA, *rivy@mcgraw-hill.com*
赵晨 *zhaochen@cabp.com.cn*

编辑 EDITORS
Clifford A. Pearson, *pearsonc@mcgraw-hill.com*
张建 *zhangj@cabp.com.cn*
率琦 *shuaiqi@cabp.com.cn*

新闻编辑 NEWS EDITOR
Jenna McKnight, *jenna_mcknight@mcgraw-hill.com*

撰稿人 CONTRIBUTORS
Daniel Elsea, Andrew Yang, Jen Lin-Liu, Alex Pasternack,

美术编辑 DESIGN AND PRODUCTION
Kristofer E. Rabasca, *kris_rabasca@mcgraw-hill.com*
Encarnita Rivera, *encarnita_rivera@mcgraw-hill.com*
Juan Ramos, *juan_ramos@mcgraw-hill.com*
冯彝铮
杨勇 *yangyongcad@126.com*

特约顾问 SPECIAL CONSULTANTS
支文军 *ta_zwj@163.com*
王伯扬

特约编辑 CONTRIBUTING EDITOR
戴春 *springdai@gmail.com*

翻译 TRANSLATORS
王 衍 *gented@gmail.com*
姚彦彬 *yybice@hotmail.com*
凌 琳 *nilgnil@gmail.com*
茹 雷 *ru_lei@yahoo.com*

中文制作 PRODUCTION, CHINA EDITION
同济大学《时代建筑》杂志工作室 *timearchi@163.com*

中文版合作出版人 ASSOCIATE PUBLISHER, CHINA EDITION
Minda Xu, *minda_xu@mcgraw-hill.com*
张惠珍 *zhz@cabp.com.cn*

市场拓展 MANAGER, BUSINESS DEVELOPMENT
文 军 *vincent_wen@mcgraw-hill.com*
白玉美 *bym@cabp.com.cn*

广告制作经理 MANAGER, ADVERTISING PRODUCTION
Stephen R. Weiss, *stephen_weiss@mcgraw-hill.com*

印刷/制作 MANUFACTURING/PRODUCTION
Michael Vincent, *michael_vincent@mcgraw-hill.com*
Kathleen Lavelle, *kathleen_lavelle@mcgraw-hill.com*
Roja Mirzadeh, *roja_mirzadeh@mcgraw-hill.com*
王雁宾 *wyb@cabp.com.cn*

著作权合同登记图字：01-2008-1802号

图书在版编目（CIP）数据
建筑实录年鉴.2008.03／《建筑实录年鉴》编委会编.
北京：中国建筑工业出版社，2008
ISBN 978-7-112-10513-7
Ⅰ.建…Ⅱ.建…Ⅲ.建筑实录—世界—2008—年鉴 Ⅳ.TU-881.1
中国版本图书馆CIP数据核字（2008）第177265号

建筑实录年鉴VOL.3/2008

中国建筑工业出版社出版、发行（北京西郊百万庄）
各地新华书店、建筑书店经销
上海当纳利印刷有限公司印刷
开本：880×1230毫米 1/16 印张：4¼ 字数：200千字
2008年12月第一版 2008年12月第一次印刷
定价：29.00元
ISBN 978-7-112-10513-7
（17438）

版权所有 翻印必究
如有印装质量问题，可寄本社退换
（邮政编码 100037）
本社网址：http://www.cabp.com.cn
网上书店：http://www.china-building.com.cn

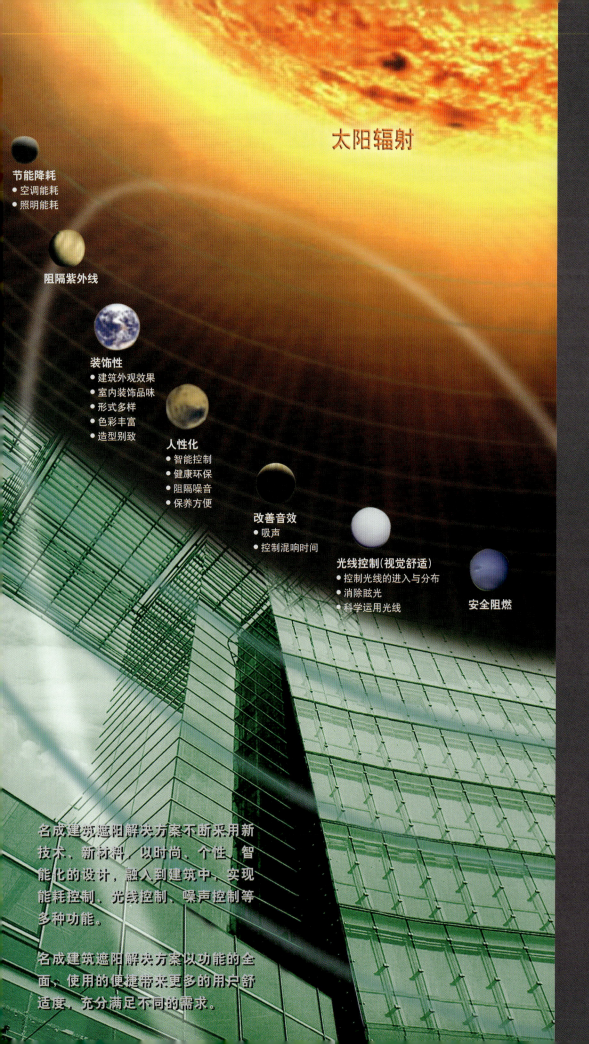

ARCHITECTURAL RECORD

建筑实录 年鉴 VOL.3/2008

封面：斯诺赫塔设计的挪威国家歌剧院
摄影：Jiri Havran
右图：福克萨斯设计的法国斯特拉斯堡天顶音乐厅
摄影：Moreno Maggi

专栏 DEPARTMENTS

7 篇首语 Introduction
为人民服务
By Clifford A. Pearson and 赵晨

9 新闻 News

专题报道 FEATURES

12 更大、更高、更快 Bigger, taller, faster
中国的城市化应记取西方教训
By Thomas J. Campanella

作品介绍 PROJECTS

16 斯诺赫塔建筑师事务所在奥斯陆设计的挪威国家歌剧院强化了体验性和戏剧性 The National Opera House, Norway / Snøhetta
By Peter MacKeith

24 马西米亚诺和多里亚纳·富克萨斯设计事务所在斯特拉斯堡天顶音乐厅设计的膜结构创造新维度 Zenith de Strasbourg, France / Massimiliano and Doriana Fuksas
By Suzanne Stephens

30 通过材料、空间和结构操作，赫尔佐格和德梅隆将马德里一座废弃发电厂变身为Caixa广场 CaixaForum, Spain / Herzog & de Meuron
By David Cohn

40 远藤秀平建筑研究所在日本三木避难公园中设计的豆荚形穹窿建筑更好地适应新时代 Miki Disaster Management Park Beans Dome, Japan / Shuhei Endo Architect Institute
By Naomi R. Pollock, AIA

46 Richärd+Bauer建筑事务所引领人们穿越锈蚀的"钢铁峡谷"，进入菲尼克斯的阿拉伯公共图书馆 Arabian Public Library, Arizona / Richärd+Bauer
By Nancy Levinson

52 UNStudio以集市剧院的晶体状形式与激荡的色彩使一个宁静的荷兰小城焕发出活力 Agora Theater, The Netherlands / UNStudio By David Sokol

建筑类型研究 BUILDING TYPES STUDY

61 市民建筑 人为先 Civic Buildings People First By Jenna M. McKnight

62 5.4.7 艺术中心 堪萨斯州格林斯堡 5.4.7 Arts Center, Kansas
By Charles Linn, FAIA

66 金特里图书馆 阿肯色州金特里 Gentry Library, Arkansas
By Jane F. Kolleeny

72 柯因街邻里社区中心 伦敦 Coin Street Neighbourhood Centre, London
By Jenna M. McKnight

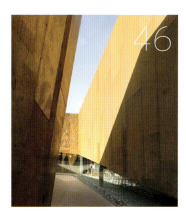

摄影：© Sergio Pirrone (第40页); © Bill Timmerman (第46页); © Iwan Baan (第52页).

创造更美好的地面环境
creating better environments
全球亚麻环保地板的市场领导者

福尔波
欧洲弹性地材专家
(始于1896年)

荷兰福尔波地材有限公司上海代表处
中国上海市汾阳路77号6楼
电话: + 86 21 6473 4586   邮编: 200031
传真: + 86 21 6473 4757   E-Mail: info.cn@forbo.com
www.forbo-flooring.com.cn

FLOORING SYSTEMS

为人民 服务

SERVING the PEOPLE

By Clifford A. Pearson and 赵晨

建筑一旦涉及公共领域，规模就变得很重要。然而更大并不总是意味着更好，关键在于适度。本期的《建筑实录》中文版，我们选登了一组不同规模的公共建筑，看世界各地的建筑师如何使为民众服务的建筑充满魅力。Thomas J. Campanella的特别报道分析了中国快速城市化及其对中国和世界的意义。Campanella是北卡罗来纳大学教堂山分校城市及区域规划教授，曾获富布莱特（Fulbright）奖学金在香港生活与工作，从基础设施到生长模式，他亲历了整座城市最大规模的发展。

本期介绍的大部分作品在建筑单体的尺度上介入了公共领域——为人们提供观览艺术、聆听音乐、享受戏剧、参与运动或阅读书籍的场所。杰出的建筑邀人进入，并与城市环境良好地衔接。例如赫尔佐格和德梅隆的马德里凯撒广场美术馆，它通向马德里市的博物馆街步行（Paseo）大道，设计师新增了室外广场，并从建筑的底部切削出一个有覆盖的入口院落。在本期的建筑类型研究栏目，我们向读者呈现了三个规模稍小的作品——邻里尺度的建筑为社区生活作出了重要贡献。从市中心到街道图书馆，一座迷人的城市总是向市民和游客提供各种规模的活动场所。

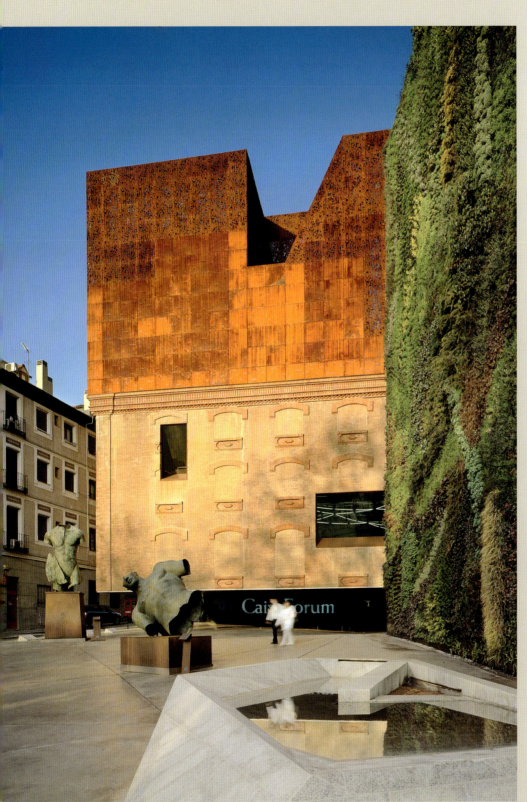

摄影：© ROLAND HALBE

新闻 News

形态小组设计由一幢建筑组成的园区

洛杉矶建筑设计公司形态小组的作品时常令人想起碰撞的板材、深峻的沟壑、粗犷的悬挑,还有那些英雄主义的地貌。他们在中国的第一个项目——巨人集团制药园区,则把他们的尝试推向更远。形态小组的总裁托姆·梅恩(Thom Mayne)说:"在中国,你能实现那些在美国无法实现的——大胆的、不妥协的、离奇古怪的——想法。"

巨人集团新总部的建设基地位于上海西郊,占地3.2hm²,预计在2009年4月外墙竣工。"园区"由一幢蛇形建筑构成,建筑面积2.4万m²,由无数独立的组件拼装而成。最为醒目的是长长的弧线形办公区域,它横跨四车道公路,桥接起所谓东区和西区,最高点是动态悬挑的两端,分别出挑33m和38m。在公路两侧,建筑波浪式地穿行在起伏的地形、原有运河和新开的人工湖之间。

为使建筑与场地之间具有连贯性,形态小组彻底重塑地形,建筑师引入了一个概念,称之为"延伸的底层平面"或"抬起的景观"。在它的下方安排各项功能组件:东区是一座图书馆、报告厅、展览厅和咖啡馆,西区是员工健身房,包括一个游泳池,其底层平面经过折叠形成波状种植屋面。综合体的西端悬挑在湖面上,内有酒店设施如酒吧、餐厅以及17套玻璃地板客房,服务于来访的商业伙伴。广场、小径和亲水平台使户内与户外交织相融。

这座(几何)异形建筑的悬挑部分采用支撑钢框架结构,平伏在地面的部分使用钢筋混凝土

通过巨大的建筑体量在3.2hm²的基地上无缝拼接,建筑师试图创造一片"抬起的景观"

+钢结构。作为一个混合体——不仅是结构混合,还有形式和功能的混合——这项设计成功地在设计进程中"适应实时变更"。工程经理蒂姆·克里斯特(Tim Christ)如是说,因为业主决定强调其电脑游戏辅助部门,而不是原计划强调的制药部门。

与适应性相同,这个设计也强调了工作环境和节能。一座大台阶——作为一处公共交往区域,把人们引向位于二层的主交通核——鼓励员工步行代替搭乘电梯。充足的阳光从天窗洒下,照亮低矮的楼层,减少对电气照明的需求。绿色屋顶减少太阳热能摄入和制冷费用,外墙的双层水泥纤维镶板和多孔(烧结)玻璃幕墙提升了隔热和遮阳的性能。

巨人集团的新楼以其悬挑的姿态和水泥纤维板的尺度,获得了一个幸运的绰号:不再是构造板,而是"龙"。

Sarah Amelar

三个一组的建筑与自然背景的对话

一座25m高的"信息树"把游客带上一座平台,在那里可以全景式观赏山脉和森林的景色

在著名的长白山景区,一座4000m²的游客娱乐中心正在建造中,比起建筑物本身,建筑师徐甜甜更关心的是环境——壮丽的群山下一片茂密的原始森林。"那里的美是如此撼人,"北京DnA设计与建筑事务所的主持人徐甜甜说,"于是我们认定,最有说服力的解决方案就是让建筑与自然对话。"

徐甜甜没有设计一座单独的"大块头"综合体,而是三座模仿自然形态的建筑,各自象征着内容。作为白溪新镇的首批建筑,这个项目旨在"创造出一种语言,足以影响该地区今后的建设",徐甜甜说。

三座房子呈三角形布局,基地上有溪流穿过。一座25m高的钢木结构观景台名为"信息树",从各个角度看它都像是一座路标,指向各个方向田园牧歌式的自然风光。一座鲜红的钢核心筒容纳楼梯和电梯,将游客带上平台,全景观赏周围的山脉和森林。

不远处将建造一座娱乐中心,名为"岩石",大体量裸露的混凝土和几乎全不透明的立面呼应着山崖上的石头。建筑内不光有戏院、保龄球场和练歌房,还有一座公共舞蹈广场。屋顶上坐落着一个圆形剧场,用于露天演出。第三座房子名为"桥",架在溪流之上,一连串悬挑的步道连接着各种室内和室外的池子。在冬季,户外滑冰者和室内游泳者之间仅隔一层透明的玻璃。玻璃表面蚀刻着白色的花朵图案,会随着水面反射而闪烁微光。

这个建筑群的独特设计风格不仅使它们彼此区分,也使长白山度假区在中国度假城镇中脱颖而出。作为旅游胜地,当地政府希望避免建成旅游景点常见的"假古董"。"这里的氛围,你在北京、九寨沟都是感受不到的。"建筑师解释道,她的设计"确立了一种身份识别,我们的创造是为了这篇场域,是面向将来的"。虽然徐甜甜的DnA工作室成立仅四年,却已完成了不少重要作品,如内蒙古鄂尔多斯美术馆和京郊宋庄小堡文化中心。

Alex Pasternack

新闻 News

建筑师的震后新校园计划

室外公共区域是丹堡学校的一个明显特征

在5月的中国（汶川）大地震所造成的破坏中，校舍垮塌的景象为这场悲剧留下了最刻骨铭心的印记。建筑师和工程思考着如何提高乡村建筑的安全性。一项新计划在当地灾民、青年建筑师和有经验的设计师中开展着，他们打算建造一系列新校园，而它们所提供的不仅仅是结构安全。

"这是一个重大的历史机遇，让我们重新思考许多问题，比如教育在我们的社会中扮演着什么样的角色。"土木再生的组织者之一、建筑师朱涛这样说道。土木再生致力于在四川和甘肃设计建造新校园。是部分受到了台湾1999年大地震后"新校园运动"的启发，土木再生把重建看作一个文化工程。"这不仅是硬件修复，更是软件升级。"朱涛说。

地震过后一个月，当建筑师们来到受灾的村庄，他们看到的是单薄的临时建筑和简陋的生活条件。"教室内如此闷热，以至于有个女孩每隔20分钟就要跑出去透气。"朱涛说。为了了解社区居民的实际需要，建筑师与当地居民、家长和学童进行了沟通，而学校领导和村干部则充当一部分新校园设计的评委。

作为第一批志愿者，土木再生邀请了日本建筑师坂茂（Shigeru Ban）在四川华林设计一座临时校舍，援用其在1995年日本神户大地震后开创的纸管技术。坂茂的这所学校将使用至少三年，造起来既不便宜也不容易。但是它提升了震后重建的姿态，为志愿参加建造的中国和日本建筑师提供了经验，也成为了社区中一处值得骄傲的场所。

"如果你是一名当地人，所有这些临时建筑、板房，总在时刻提醒你：你生活在灾区。"朱涛说。而坂茂的学校开放之后，"孩子们像猴子一样欢快地倒挂在柱子上。"

设计永久性学校的建筑师也考虑使设计敏于当地气候和社会条件。例如ZL建筑工作室的朱涛和李抒青为丹堡设计了一座小学，采用加长的三层钢框架，采光充足、通风良好。建筑师突破了常规学校设计的模式，在建筑的一端打开一个口子，营造了一片露天集会场所，而加宽的走廊鼓励了课间活动。

建筑师余加在李家坪设计了一所小学，都市实践的刘晓都被委任设计甘肃成县苇子沟小学。另外四座小学的设计师从一场青年建筑师设计竞赛中选拔出来，获胜者为：深圳的龚维敏工作室（城关一小）、深圳的刘煜和夏兰（东峪口小学）、北京壹方建筑的王路（哈南寨小学）和宁波的本末建筑（刘家坪小学）。

计划在11月开工、翌年5月竣工的这些新校园依然面临着许多障碍。公众参与非常微弱，哪怕在广州的进步媒体上，灾后重建校园的话题依然是讨论的禁区。同时，可靠的慈善募捐者也不容易找到，而组织者要努力应付官僚主义、贪污腐败，以及建造过程中的造价克扣等问题。对朱涛而言，这项计划不仅对中国青年建筑师是一次直面灾难的考验，也是推动中国非政府组织走向新方向的一个契机。"我们努力在僵硬的社会结构中挤压出一片空间，在尝试中我们也学到了很多东西。"

Alex Pasternack

深圳：景观将重新定义新区

设计召唤一种"有厚度的地表"容纳多层次的活动

在深圳龙城区龙岗中心的大规模再开发中，英国设计事务所Groundlab（大地实验室）颠覆了常规的规划过程。不同于自上而下的"大官僚在桌前挥斥方遒"的规划模式，Groundlab的工作是自下而上的，公司的合伙人、建筑联盟景观都市学（AALU）硕士计划的负责人伊娃·卡斯特罗（Eva Castro）这样解释。"我们没有采用绘制基地地图（mapping）这种被认为是提取区域全部信息的分级式工作方法。"卡斯特罗说，Groundlab选择从特定的兴趣出发，"提取某种秩序"。在他们的龙岗规划中，被称为"深度地表"（Deep Ground）的提案的主导秩序形如一张"城中村"网络。

Groundlab的非正统方法论决定了他们的实践和项目。设计团队由来自各国的设计师和AALU的毕业生组成，他们避开了经检验而被认为是可靠的方法，转而认同"寻求景观都市主义的概念边界"，在大尺度上运用这种理论，卡斯特罗说。深圳项目为他们提供了理想的试验田：龙岗工业区90%的土地将被夷为平地，建造一片全新的商业文化区域。

吸引Groundlab来到龙岗城中村，是它罕见的私密尺度。卡斯特罗将它比作贫民窟，"但不包括由贫穷带来的社会、经济的暗示"。保存这些场所对中国城市尤为重要，因为这些年来，已有太多"人的尺度"消失不见了。

尽管保留城中村的记忆是Groundlab设计中的一个关键组成部分，它最具原创性的提议却是设计师称为"有厚度的地表"的景观介入。"我们希望增加一种公共的层次，让每个人都能进入其中。"卡斯特罗解释道。运用切割和折叠的方法，Groundlab在"避免蔓生（sprawl）"、避免分级的同时创造了更多的街道生活场景。加厚的地表具有很多层，增大了商业空间的可达性，同时也满足了诸如路边停车的需要。

潜在的投资者和地方政府对"深度地表"反响热烈，项目得以推进。在制定方略的设计阶段，第一步是——卡斯特罗说——开发被抬高的火车站周边区域的深度地表，创造一个主广场，它"不仅是一个商业中心，也是新龙岗身份、意象的核心"。Anya Kaplan-Seem

上海浦东的天际线（本页图）代表了中国上升的国力和财富，摩天大楼超越了黄浦江对岸20世纪早期由西方势力建造的大厦。上海的沙盘展示了城市发展的尺度（对页图）

更大、更高、更快
中国的城市化应记取西方教训

Bigger, taller, faster. China builds its cities but needs to learn from the mistakes of the West

By Thomas J. Campanella　凌琳 译　戴春 校

与上海老城隔江相望的是浦东高楼林立的天际线，它是中国的国力在当今世界逐渐上升的最有力的象征。混凝土、钢和玻璃生动地勾勒出了中国的雄心。这里也是世界城市发展史上的绝佳的展示厅之一——关于东方和西方、过去和现在、新和旧的建筑学对峙。

浦东，黄浦江的东岸。高耸的摩天楼象征性地凌驾于对岸的昨日遗物之上。在20世纪二三十年代，背井离乡的上海人经常于薄暮时分在浦东的码头边眺望对面灯火通明的江岸和沿岸的商号。而今天，西方人在江的这一边饱览奇观，这一次，从泛光灯照亮的高楼中能读出不同的信息。他们凝视浦东，就像曾经凝视旧日的世界——100年前芝加哥或曼哈顿下城的摩天楼群——混杂着敬畏和妒忌；他们一边欣赏，一边为自己面对庞然大物的无力感到焦虑不安。在这里人们几乎可以感到历史之翼从西方飞向东方煽动的风声。

美国人曾经信仰城市。过去的200年，合众国是全世界的壮小伙/魁伟青年。保守的欧洲目不转睛地把目光和梦想投向神话中失而复得的伊甸园，它是新兴之地、青春之泉。诗哲爱默生 (Ralph Waldo Emerson) 把美国称作"未来的国度……它是初始，它是工程，它是伟大的设计和希望"。美利坚的雄心就像它的国土一样漫无边际。命运驱使开拓者走向太平洋，随着他们的觉醒，村镇与城市像雨后春笋一样生长。19世纪末，美国人建造城市的速度超过了历史上任何一个国家。欧洲人惊惧而艳羡地眼看着我们建造了芝加哥，眼看它毁于大火，又眼看它从废墟中重建得更高更大，孕育了摩天楼。"不要做小规划，"雄心勃勃的美国规划师丹尼尔·伯恩汉姆 (Daniel Burnham) 曾经说："小规划不具有让人血脉喷张的魔法。"而他的臣民几乎连这些鼓舞都不需要。空气中飘荡着豪情壮志。美国的城市里拥塞着全世界最高的楼房，全世界最发达的铁路网把城市们连在一起——铁轨的长度足够从地球通到月球。全世界看着美国，它像一口青春勃发的熔炉吞吐着一切，辉煌的未来城市正要被锻造。

然而，都市主义的缪斯女神已经很久没有垂青杨基佬的国度了，她们现在欢快地流连在中国。中国是当今世界上最大的生产城市的工场。在京沪等地遍地开花的城市规划展览馆最强烈地展现了他们对城市的信仰。每个展馆都有一座巨大的城市沙盘，周边围绕着有关城市规划、设计和管理的一切信息。北京城市规划展览馆紧邻天安门广场，而上海城市规划展览馆挨着市政府、大剧院和人民英雄纪念碑，呈三足鼎

Thomas J. Campanella是北卡罗来纳大学教堂山分校城市规划教师，著有《混凝土之龙》（普林斯顿建筑出版社出版），本文改编自此书。

立的格局。想像一下，如果在林肯中心安放一座城市规划展览馆会是什么样的情形！然而，这些展馆似乎又是多余的；因为只消走出家门，就能直面中国城市发展的勃勃雄心。中国城市本身就是一座巨型工地。在长达1/4个世纪里中国都在追求经济增长，在其驱动下，1980年以来建造的摩天楼、购物中心、酒店、楼盘、高速公路、桥梁、地铁、隧道、公园和广场超过了世界上其他国家的总和。

这场城市革命的社会学维度同样不容小觑。20世纪80年代以来，约有2.25亿农村人口涌向沿海城市——这是历史上最大规模的人口迁移。1998年一年间，2700万人从乡村移居到城市，这个数字超过了1820～1920年欧洲向美洲移民的总人数。这群农民工在不计其数的工地上劳作，事实上正是他们建造了中国的城市。1990～2004年，他们在

中国的城市发展既包括建设也包括破坏

上海建造起了8360万m²的商业面积，相当于334座帝国大厦。在20世纪70年代末，上海还没有一栋现代摩天楼；而今天高层办公楼的总数已经超过了纽约。根据麦肯锡全球学院的一项研究预测，在今后的20年，中国将继续建造400亿m²的建设项目，近两倍于全美房屋储量，或曼哈顿商务楼总面积的1200倍。

当然了，摊这么一大张鸡蛋饼总免不了打碎许多鸡蛋。在建设浪潮的冲击下，中国推倒了许多城市旧街坊，迁移了大量城市居民。最近几年，北京老城的景观几乎消失殆尽，数百万家庭迁离原来的住所，城市肌理被改变的程度令人难以想像。相似的剧情在中国的其他一些大城市陆续上演。

中国城市周围的乡村也因此受到波及；不仅城市中心在扩张，城市边界也在扩张。在美国人看来，这个现象有点反常：第二次世界大战结束之后，郊区繁荣的代价是城市的萎缩，总是有输有赢。中产阶级纳税人迁移到经济和政治上更为独立的市郊社区，"白人的离去"造成城市真空地带。同样的情形却没有在中国发生，城市和近郊的经济发展齐头并进。中国大都市的行政范围包括大面积的农田与空地，它们是城市扩张的原材料。地方官员可以人为地把农业用地"转换"为城市用地卖给开发商获取利益。通过这种方式，数百万亩耕地变成了由蔓延的高速公路和超大住宅区统治的景观。

从1980年到2004年，在全国范围内约有11.4万km²的农业用地（相当于一个新英格兰）因为城市扩张而被占用。结果是，中国的农产品无法继续自给自足，这个情形让人回想起赛珍珠的小说《大地》(The Good Earth)，王龙为了养家糊口辛劳耕了一辈子的田，结果却被儿子们挥霍一空。从卫星照片前后对比可以看出，中国城市的发展模式就像超新星，中国话里非常贴切地把这种扩张称为"摊大饼"。

郊区的急速扩张促使中国成为汽车大国。中国是全世界成长最快的汽车消费市场，目前消费量仅次于美国，位居第二。每天有1000辆新车汇入北京、重庆、上海等大城市的车流。世界最大的汽车展销中心不在达拉斯，不在洛杉矶，而是在中国，中国拥有别克的数量已经超过了美国。高架桥在广州和上海密度最大的区域上空悬起，由此动迁安置的家庭数大大超过20世纪50年代纽约建造著名的布朗克斯(Bronx)高速路的记录。在全国，近5万km的现代高速公路把省和省连接在一起。中国预期在2020年拥有全世界最广延的公路网，超过美国州际公路。而在1978年，中国现代公路总量还不足160km。

中国是否应该沿着这条路走下去，重蹈美国20世纪50年代的覆辙，成为一个由沥青、汽车和无休止的蔓延组成的国家？中国和全世界都有足够理由忧虑。这个星球依然无法承担第二次汽车革命——像亨利·福特当年倡导的那样，尤其在中国这样的尺度上，中产阶级的人数在下世纪中叶几乎将超过美国的总人口。地球已经面临石油危机，增加亿万辆SUV所造成的污染将会使全球变暖演变成一场致命的威胁。

毫无疑问，在这个问题上，美国有深刻的教训，可以提供给中国许多经验。长久以来，美国消费着全世界最大的能源，碳排放量居高不下，这是造成臭氧层变薄的元凶。现在，美国终于开始严肃考虑地球作为星球的事务性工作——切实降低二氧化碳排放量，开发能源替代品了。而中国在跻身汽车消费大国之列后，也已经到了不得不直面能源消耗和环境污染等严峻问题的时刻了。

中国已经是继美国之后的第二大石油消费国，根据国际能源组织的预测，到2030年中国的石油进口量将与美国相当。而中国要保持其疾速的经济发展，需要的不仅仅是石油。中国消费着全世界半数的水泥、40%的钢材和1/4的铝。中国本身也生产这些材料，但是生产效率还不及西方。确保未来能有足够的原料供给将成为决定中国对外政策的首要因素。

回到中国，30年经济繁荣的同时也对环境造成了负面影响。中国的一些城市已经成了污染严重的地方，有些地方已经看不到明朗的天空。在干旱的北方，饮用水面临枯竭的危险。中国政府越来越意识到，不加控制的环境恶化将让他们付出高昂的代价，于是开始采取弥补措施。确实别无选择，唯有立即行动。对于中国而言，绿色变革不是一种可选择的生活方式，不是过家家的游戏，它关乎生存，关乎地球村的健康存在。假如中国的领导者只关注中国经济的持续增长，而不怎么关注家园的环境，这两个目标将永远无法实现。

好在我们仍能看到不少希望。中国城市的屋顶上安装的太阳能集热器在一定程度上展示了中国在节能方面取得的进步。在甘肃省建造了10万kW的全世界最大的生物能(biofuel)发电站和太阳能电站（与之最接近的是德国的1.2万kW电站）。全球风力能源委员会 (Global Wind Energy Council) 预言，2020年中国将从风能中获得1.5亿kW能源，轻易地成为世界领先的风力生产国。假如中国拿出它生产廉价空调、光电板、电池同样的魄力，它就能帮助我们拯救地球。

目前中国有5万km的高速公路（上图）连接着整个国家，而在1978年仅为160km。在澳门，开发商正在照着拉斯韦加斯的模型建造赌场（左图）。老房子被拆毁，为新建筑腾出场地（下图）

国是一个主要由乡村组成的国家，它像一个散漫的中年人，谨慎而保守，不再为匹夫之勇所迷惑。他们不再是"大规划"的缔造者。美国的都市主义是反思的、审慎的、理智的；即使新镇看上去也像老镇一样。在今天的美国，对着城市基础设施大发诗兴显得有些可笑。都市主义的热情越过了太平洋，就像历史上它曾经越过大西洋。

中国的崛起势必会改变世界格局，它要求西方世界谦逊——美国是最好的例子，对"大"野心的狂热追求早已融入这个国家的基因血脉。对美国人而言，中国城市变革意味着他们要被迫接受这样一个事实：美国不再是那个让全世界望而生畏的、劲头十足地建造了最大、最广、最快、最长的年轻的国家了。中国正在迅速赶超上来，它继承了几乎全部曾经属于美国的头衔。在未来几年内，中国还计划将一名宇航员送上月球。曾几何时，纽约和芝加哥是生产都市远景的梦工厂，如今这座作坊转移到了上海和深圳。如果说美国人对中国的崛起感到不安，那是因为中国勾起了他们往昔的回想——那时他们初生牛犊不怕虎，一心想要开辟一个新世界。

和今天的中国一样，美国曾经为桥梁道路书写颂歌，他们曾经梦想过填满空中街道和摩天大楼的城市，以及几何网格秩序的巨型都市。而今天的美国城市添了几分年龄也长了几分智慧，开始更有责任心的去关注建造汽车城市所带来的问题，以及单纯追求大体量造成的问题。强调可持续发展的新思潮使美国人反思如何建造城市，如何利用土地。一句话，美国人的价值观转变了。然而和成熟同时到来的还有谨慎。美

斯诺赫塔建筑师事务所在奥斯陆设计的挪威国家歌剧院强化了体验性和戏剧性

Snøhetta heightens experiential and theatrical moments in its design for the NATIONAL OPERA OF NORWAY in Oslo

总平面

从海港这边,参观者可以进入歌剧院大厅一层平面,也可以向上步行到达露天广场。歌剧院斥资7.75亿美元,于今年4月开放

By Peter MacKeith　姚彦彬 译　戴春 校

斯诺赫塔建筑师事务所(Snøhetta)为挪威歌剧和芭蕾舞团(Norwegian Opera & Ballet)设计的新国家歌剧院,坐落在巴亚维卡奥斯陆港(Oslo harbor of Bjørvika)东部,远眺似一座漂浮的大理石玻璃冰山,该建筑让我们联想到很多其他建筑,从1875年查尔斯·加尼耶(Charles Garnier)设计的巴黎歌剧院(Paris Opera House)(现在的加尼耶宫)中巨大楼梯间和公共区域感,到约翰·伍重(Jorn Utzon)设计的澳大利亚悉尼歌剧院(Sydney Opera House)(1963~1973年)的图标式高耸形象和市民广场,甚至外国建筑事务所设计的日本横滨国际客运候船大楼的屋顶景观(Yokohama Terminal roof-

Peter MacKeith 是美国华盛顿大学圣路易斯分校Sam Fox设计与视觉艺术学院(Sam Fox School of Design & Visual Arts at Washington University)副院长。

scape)[详见《建筑实录》,2002年11月,第142页],都具有类似的类型化(typological)和城市性(urbanistic)特征。从近距离来说,与阿尔瓦·阿尔托(Alvar Aalto)1971年设计的赫尔辛基芬兰厅(Finlandia Hall)和赫宁·拉森(Henning Larsen)2005年设计的哥本哈根新歌剧院更具可比性。

斯诺赫塔建筑师事务所的设计使建筑获得了最大程度上的体验品质。奥斯陆的居民时常可以看到人们在大理石屋顶倾斜平台上来回走动的戏剧化场景。新歌剧院与奥斯陆峡湾(Oslo Fjord)周边低矮山峰和巴

项目:国家歌剧院,奥斯陆,挪威

业主:挪威教会和文化事务机关(The Norwegian Ministry of Church and Cultural Affairs)

建筑师:斯诺赫塔建筑事务所——Craig Dykers, Tarald Lundevall, Kjetil Traedal Thorsen, 合作伙伴

顾问:Reinertsen Engineering(结构部分), Arup Acoustics和Brekke Strand Akustikk(声学部分)

亚维卡地区（Bjørvika）快速再发展进程中激动人心的面貌十分和谐，并表达了来自芭蕾和歌剧世界的使用者对创新的憧憬。

毋庸置疑，花费了10年时间来规划、筹款和建造，这个耗资7.5亿美元、面积达到41.54万ft²（1ft²=0.0929m²）的建筑才得以完成。2000年的国际竞标吸引了世界范围内240位竞争者，这也是有史以来挪威公开竞标中最多的一次。因此，尽管设立在奥斯陆本地的斯诺赫塔公司有意拥护国家，并熟知场地状况，但它的中标绝不是在预料之中。

正如斯诺赫塔建筑师事务所的负责人克雷格·迪克斯（Craig Dykers）所说，新歌剧院即将成为当代挪威国家品质的纪念碑，并且同时在城市和建筑层面上积极地为使用者和参观者提供服务。"它是社会的纪念碑，一种全面的体验，一种对旅途过程和终极目标的记忆。"他说。从专业角度来看，建筑的公众目标由一系列的智慧解决措施得以实现——包括保守化的剧场设计、材质色彩的最简化以及夸张的外表形式。

挪威歌剧院主任西蒙森（Bjorn Simensen）希望新的歌剧院和世界上最好的歌剧院一样，能够在它的三个舞台上为各种形式的表演提供足够空间。相比传统剧院的马蹄铁形平面，他也更喜欢这个建筑。此外，歌剧院不仅需要容纳下歌剧和芭蕾表演，还要包括除管理办公室以外的供600个左右的演职人员使用的舞台空间以及工作间、彩排大厅、芭蕾学院等功能空间。斯诺赫塔建筑事务所将听众席（以及一侧的服务空间和后台）安排在一条被称作"歌剧大街"的宽阔内部服务大道旁边，这条大道在功能上用作主后台的通道，同时也是高效的防火和音响屏障。一系列先进的舞台技术——16个升降梯、旋转舞台、侧边舞台，以及背景舞台——围绕在主次舞台周围，主舞台设有1360个座位，次舞台是一个弹性表演空间，设有440个座位（第三舞台是一个可容纳190个席位的黑空间）。这样的空间划分进一步体现在内部空间体量的简单正交几何形式和铝板加玻璃窗的传统立面处理上。尽管内部空间的密度很大，但令人惊讶的是斯诺

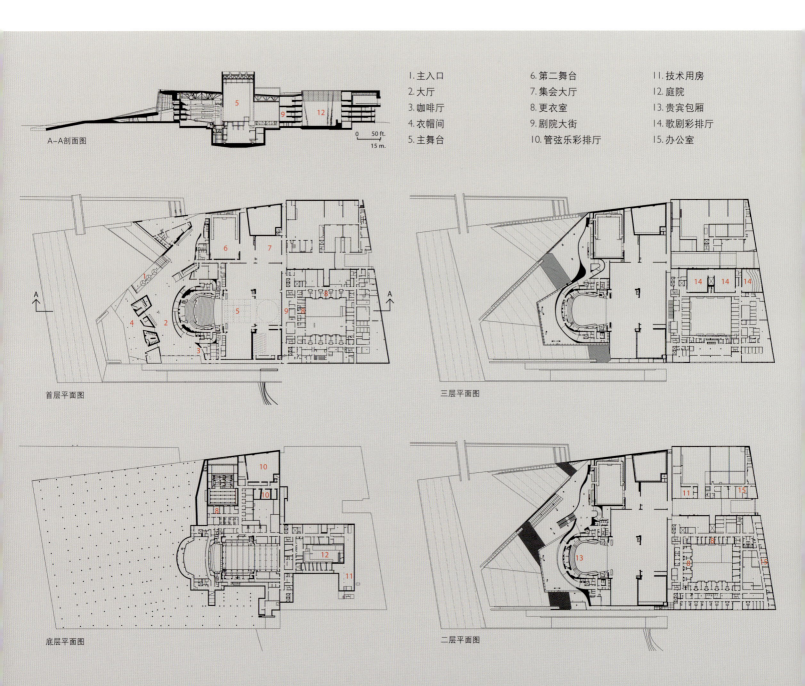

歌剧院的平台和步行道被设计成弯曲表面,将参观者与城市、水面连接在一起(顶图和左底图)。穿过玻璃墙,步行者能够瞥见大厅内倾斜的混凝土柱。从西南平台(右底图)过来的散步大道,向上到达屋顶平台或是向下到达水面

赫塔建筑事务所的设计通过一个巨大的户外花园式庭院提供了充足的自然光线，该庭院位于招待员工和演职人员的服务区正中心。

这种注重实效的社会需求促使建筑师用动态连续的底层平面和屋顶表面创造出戏剧性的大胆形式。建筑倾斜、割裂的坡面人造景观形成了一个开放、多层次的广场和一个悬浮的遮盖体。主舞台的飞翔塔，外表面覆以艺术化排列的铝板，从建筑的主体水平表面上强有力地升起。建筑姿态丰富的外表皮就像一个令人惊诧的大型拼图游戏，由3.6万块之多的大理石和花岗石石材组成，这些石材被切割成特定尺寸并用电脑设计排列组合。而港口的水位线及以下部分，白色大理石由绿色的挪威花岗石替代。冰雪累积和排水设备使得石头间谨慎地交接（沿着表面纹理排列，低低的隆起线）与凹槽成为必然。

通过横跨在狭窄运河上桥的引导，人们从城市中心来到国家歌剧院，大理石的地面和屋顶也指引着视线和行动一直向前。明亮的入口立面呈喇叭状裂开，继续向前，建筑再一次打开，显现出大厅玻璃空间。玻璃系统（包括一面可伸缩的"绿色"PVC薄膜南墙）被细化为最小的固定节点和支撑结构，房顶系统和其他立面也采用了同样的组成方式。大厅内图案复杂的大理石地板不时被锥形的混凝土柱打断，这些倾斜的柱子灵巧地支撑着上面的房顶。其余的空间则是咖啡厅、礼品店、衣帽间和休息室（后者被巧妙地包裹在Olafur Eliasson设计的几何编织物中）。

但高耸而明亮的大厅空间仅仅是背景幕布，首要的建筑"表演者"是围绕着主舞台表演大厅的巨型曲面3层高墙体。这面墙如同橡木板船般系泊在大理石和玻璃组成的干船坞上，与呈水平动态的明亮、冷漠、尖锐的外表形成对照。

橡木的纹理、色彩和温暖感贯穿于主剧场内部，创造出良好的听觉品

在明亮的大厅里，大理石地面被锥形的混凝土柱打断（左图）。咖啡厅、礼品店和衣帽间（右图）与上层休息平台上木质的温暖感（右下图）形成对比

弯曲的橡木墙（右图）围绕着观众席和走廊通道，由不同尺寸的预制板组装而成

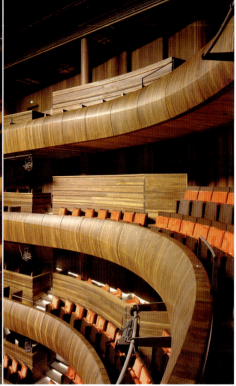

主观众厅，容纳了1360个坐席（上图），以手工橡木板为特色，其中包括围栏（右上图）。第二剧场容纳了400个坐席（左图）。建筑师将教室和彩排室等位于剧场后部的空间安排在庭院四周，以得到更多自然采光（右图）

质。橡木被重新上色、拼接和手工成型，制成符合声学要求的挡板，围护在采用红色软座椅的马蹄形坐席周边。同时昏暗的环境抑制了照明设备、声音辐射和通风系统带来的"可视"噪声。这里唯一受自然环境影响的，就是悬浮在头顶顶棚上直径为23ft(1ft=0.3048m)的玻璃圆盘天窗。

除了内部空间，挪威国家歌剧院对城市意识，甚至城市的日常生活也有着显著影响。迪克斯认为斯诺赫塔建筑事务所的目的就是"在奥斯陆复兴想像中的城市。人们或是漫步房顶，或是穿越大厅，或是在海湾散步——我们希望他们能够形成一种所属意识，不仅是对建筑，而是包括建筑中的内容"。

除了社会和文化雄心，设计还力图取得某种转变。任何剧院的内部都会唤起魔幻般的感觉——但对于迪克斯来说，把剧院的倾斜屋顶表面升起则意味着"感知的开始"(threshold of perception)。的确，人们在屋顶上感知到了运动的状态：随着从主广场进入，面对群山向东北方向行进，然后在中间的高台上停留，再向后转向西逐渐上升，最后到达屋顶顶部。突然间，屋顶的倾斜和高度消除了所有水平和重力感知，眼前唯有天空，这种感觉令人激动，正如许多当事人所说的那样"感觉随时会离开大地"。

材料/设备供应商
玻璃立面和内部装修：
Skandinaviska Glassystem
大理石：Campolonghi Italia
木工和家具：Bosvik; Djupevag Batbyggeri
剧场座椅：Poltrona Frau
顶灯（主观众厅）：Hadeland Glassverk
电气系统：Siemens
声像系统：YIT Building Systems

由计算机切割的大理石上层平台看起来像是冰山的顶部,而不是支撑3层钢筋混凝土结构的表皮

马西米亚诺和多里亚纳·富克萨斯设计事务所在斯特拉斯堡天顶音乐厅设计的膜结构创造新维度

Massimiliano and Doriana Fuksas stretch a fabric membrane to new dimensions at the ZENITH CONCERT HALL near Strasbourg

By Suzanne Stephens 姚彦彬 译 戴春 校

在以哥特式大教堂高耸尖顶闻名于世的法国城市郊区，天顶音乐厅 (ZENITH CONCERT HALL) 作为一个不加掩饰的未来派建筑展览物，突兀于世、引人眼目。由于国家对现代性和大众文化的热情拥抱，使得在对待历史遗留下来的建筑物的方式上，产生了意料之外的并置效果。当代音乐厅和中世纪教堂之间这种明显的断裂可能是无意识的，但它却强调了法国对承认历史遗产和建立批判距离的渴望。伯纳德·屈米 (Bernard Tschumi) 用他在鲁昂设计的音乐厅[详见《建筑实录》，2001年6月，第102页]极具说服力地强调了对这两种文化的二分法。这里13世纪的大教堂曾经让印象派画家莫奈 (Claude Monet) 如痴如醉。随即屈米又用了与天顶音乐厅不同的材料，重新定义了他在里摩日 (Limoges) 的音乐厅[详见《建筑实录》，2008年1月，第120页]。马西米亚诺和多里亚纳·富克萨斯设计事务所 (Massimiliano and Doriana Fuksas) 则用他们在斯特拉斯堡郊外设计的天顶音乐厅，进一步推崇并赞扬了这两个时代以及两种建筑类别间的分裂。他们色彩鲜明而充满自信的设计，和13世纪后期那些以垂直向精巧结构闻名于世，并曾备受歌德 (Goethe) 和劳吉尔长老 (Laugier) 赞美的哥特大教堂产生了激烈的碰撞。

由于建筑的功能包括举办流行音乐会、体育运动会，以及多种演奏会，用德波 (Guy Debord) 的话讲，天顶音乐厅作为一个娱乐场所，体现了景观社会 (a society of spectacle) 的特性，具有极度的适应性，与法国历史上虔诚的文化信仰有着天壤之别。即使这些音乐厅可以迎合人们对它使用寿命的任意猜想，但仍有人这样认为，它们不过是在结构上大胆的冒险尝试而已，就如同它们的哥特前辈一样。

在法国文化部与地方政府的通力协作下，天顶音乐厅由 Chaix & Morel 在巴黎拉维莱特公园 (Parc de la Villette) 设计建造而成，于1984年首次对外开放。从那时起，16个天顶建筑物 (Zeniths) 相继出现，最近这个由富克萨斯完成的天顶音乐厅则位于亚眠——另一个以大教堂闻名于世的城市。

在斯特拉斯堡郊外的天顶音乐厅，建筑师首先要将1万观众安置在64英亩(1英亩=0.4047hm²)的场地内，这块场地正被开发成一个博览会公园。为达此目的，富克萨斯寻找到了一种动态的表达形式，表现为一层色彩鲜明的玻璃纤维树脂薄膜包裹在分层兼具旋转形式的椭圆形钢环和现浇混凝土结构上。他运用一系列发生位移并被重置的椭圆形钢环，做出了一种外

椭圆形的钢环结构外表覆盖半透明的玻璃纤维和树脂薄膜，光线穿透过来，投射到整个大厅，像一个抽象的入口华盖

1. 屋顶
2. 大厅
3. 停车厂

项目：斯特拉斯堡天顶音乐厅，Eckbolsheim, 法国
建筑师：马西米亚诺和多里亚纳·富克萨斯，负责人; Julian Therme,项目管理; Michele d'Arcangelo,项目建筑设计师
客户：Communauté urbaine de Strasbourg/Societé d'Aménagement et d'Equipement de la Région de Strasbourg
工程师：BETOM Ingenierie (混凝土工程); Simon & Christiansen, Jacob et Christiansen（结构工程）

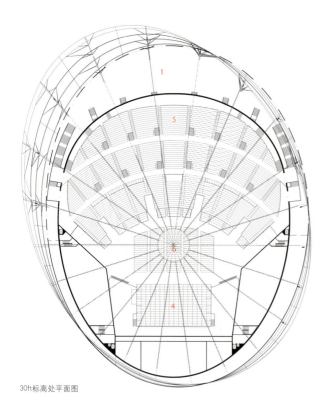

30ft标高处平面图

1. 大厅
2. 入口和观众席
3. 后台
4. 舞台
5. 坐席
6. 中央顶棚

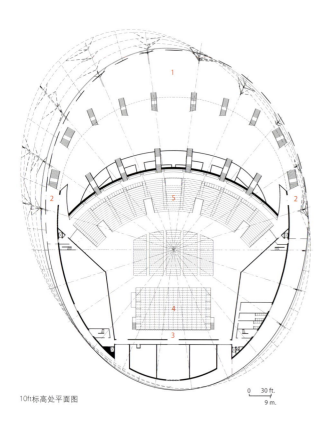

10ft标高处平面图

在入口大厅里,倾斜的钢柱上有支架将薄膜固定在椭圆形的钢环上。开放的楼梯引导参观者进入现浇混凝土结构的观众席内

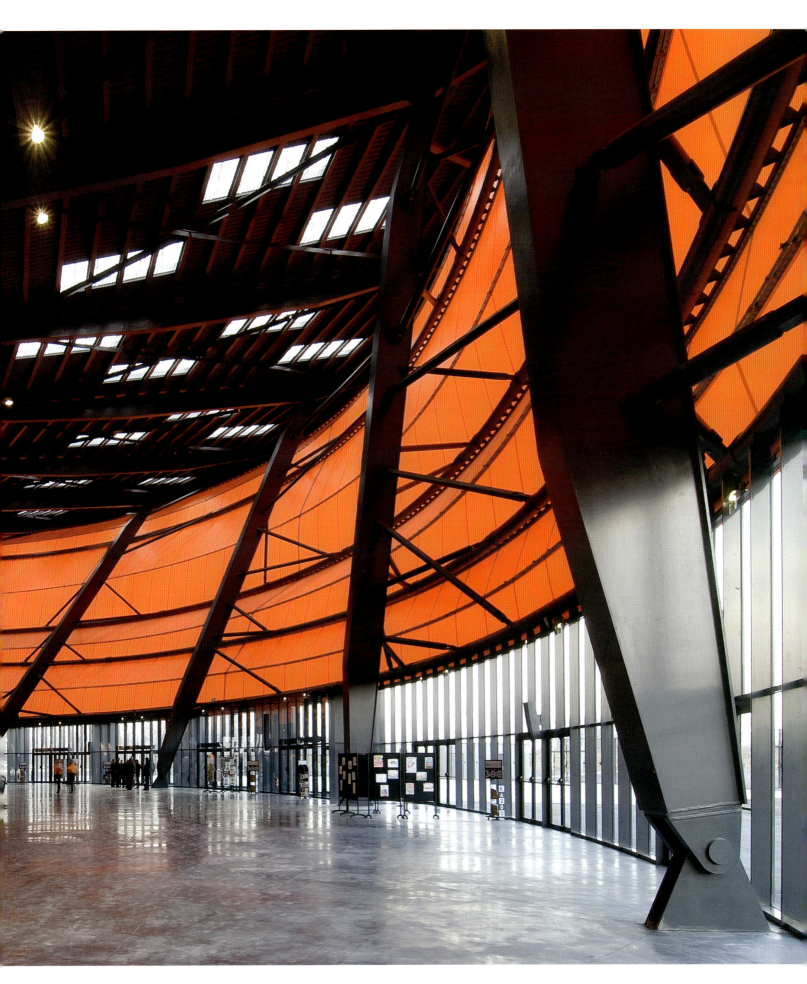

大厅牢固敦实的钢结构骨架与一层（左图）和屋顶（右图）上轻巧精致的薄膜形成了巨大的反差

部形式动态化而内部空间大胆的设计。夜晚，半透明的橙色薄膜发出的光像一个巨大的空心南瓜灯，被五个钢环撑开，包裹着环绕观众席的椭圆混凝土核心。富克萨斯说："在较轻体量的薄膜和较重体量的钢混结构之间，形成了一种张力，这种张力就是对二元论的表达。"他在设计米兰贸易展览中心[详见《建筑实录》，2005年8月，第92页]时就已经探索过这一想法。而在展览中心钢龙骨上安装了波浪形的玻璃顶棚，则使得空间更加明亮，同时也削弱了龙骨框架本身的存在。

音乐厅北边，重叠的椭圆形构成了大厅空间形态：在这里不同倾斜角度的巨大钢柱依次排列在钢筋混凝土大厅周边，与中间的肋筋一起共同支撑起了管状的椭圆形钢环。音乐厅南边，空间较狭小，仅有肋筋将钢环与混凝土核心单独相连。

防火的玻璃纤维薄膜两面附着了硅材料，由40块纤维织物组成，采用电焊方式连接而成，然后再用螺栓和支架固定在钢环上，中间用缆绳进一步将薄膜固定，并在外表轮廓形成了清晰的折痕。房顶结构由22个钢桁架构成，其上悬挂着狭小的通道，和桁架一并自中心向观众席的混凝土墙发散而去。另外还有连续的十字梁从中心穿过，从混凝土墙的一边横跨到另一边。

虽然除了被设计为橙色的观众席座椅，其他方面的设计看似有些例行公事。但是，得益于黑色的幕帘和伸缩自如的座椅，观众席可以根据人数的多少来改变空间容量的大小。墙面上的线纹面板填充了羊毛，带给听众席完美的隔声效果。手推车能够从舞台后方推过，更多的场景和照明则可以沿着座椅上方的狭小通道进行调节改变。

层叠兼具旋转效果的椭圆形钢环结构在地域景观中形成了单一而独特的形状，建筑师评价其就像一个"自治的雕塑 (autonomous sculpture)"。

而且建筑同样也取得了自治性。令它享有这个正式社会地位的原因并非来自于外部风格，而是它内部对结构和设计的需求。Anthony Vidler在他的新书《瞬即呈现的历史：形成中的建筑现代主义》(Immediate Present: Inventing Architectural Modernism) 中的讨论，正是对现代主义本质的表达。

具有讽刺意味的是，斯特拉斯堡的天顶音乐厅与如此严肃的前提相一致，却还提供了一个用以自我展示的大厅，以迎合广大听众的需要。在德波1967年的《景观社会》(La Société du Spectacle) 一书和1973年拍摄完成的同名电影中，他抗议了在第二次世界大战后期由于资本主义和唯物主义的萌芽而造成的文化世俗化 (desacrilization)。而天顶音乐厅迎合了中产阶级听众，如果以德波的论点为基础，将无疑会引发震动。尽管如此，天顶音乐厅在材料和结构方面的试验——如在斯特拉斯堡的上演——对大众娱乐并没有实质性的影响。这些试验能够真实地揭露技术原理，包括具有张力的薄膜可以拉到多长、聚碳酸脂面板（里摩日天顶音乐厅）可维持多久，或者在限定标题音乐的现场表演中，它们是如何完成工作的。但是，最终要明确的是，它们并没有对国家遗产作出持久的贡献，而是仅仅向着斯特拉斯堡大教堂的未来发展迈出了一小步。

材料/设备供应商
纺织薄膜外围： ATEX 5000
钢材： Z&M ZWAHLEN & MAYR
照明： SBP
座椅： GROSFILLEX

1. 舞台　3. 大厅
2. 坐席　4. 座椅上方的狭小通道

主厅内的座椅既有固定的又有可折叠的，黑色的吸声板靠混凝土墙一面铺有羊毛做里衬，达到完美吸声效果。座椅上方的狭小通道可以进行舞台光线和布景的调节

通过材料、空间和结构操作，**赫尔佐格和德梅隆**将马德里一座废弃发电厂变身为CAIXA广场

Herzog & de Meuron manipulates materials, space, and structure to transform an abandoned power station into Madrid's CaixaForum

建筑师在马德里稠密的城市肌理中开辟了一处广场，拆除占据基地一角的加油站，让新建筑与Paseo Del Prado大街联系起来

1. Caixa广场
2. 大街
3. 皇家植物园

By David Cohn 凌琳 译 戴春校

在马德里的历史建筑改造工程中,很少有像中央电站(Central Eléctrica de Mediodía)改造为Caixa广场文化中心那样不尊重原物的例子。然而考虑到这座始建于1900年的电站建筑价值并不高,而改造中对原物的无视又取得了如此出色的结果,这事终归值得庆幸。瑞士建筑师赫尔佐格和德梅隆把这个项目描述为"外科手术",他们拆除了原有的屋顶和内墙,切去了外砖墙的大理石墙基,制造出建筑在空中悬浮、在被覆盖的入口广场之上盘旋的幻觉。设计师在屋顶追加了两层空间,以锈铁板饰面,又向下挖了两层地下室,从而使建筑物的高度变为原来的两倍,面积增加为五倍,约合10万ft²。简言之,建筑师像对待动物一样对待原有结构,剥皮去脏腑,把老旧厚重的砖外壳变成一具如天外来客般的毛茸茸的表层。这是一场艰巨的蜕变,它考验智慧,困难重重,同时也妙趣横生。

马德里Caixa广场由西班牙最大的储蓄银行La Caixa的社会工作基金会所有并经营,该基金会资助艺术、音乐、戏剧和文学项目。选址上的电站在马德里早期电气化时代所扮演的角色没有得到人们足够的重视,不过当地历史遗产委员会出于项目价值和公众利益的考虑,允许该建筑部分拆除。这座建筑坐落在距普拉多美术馆不远处一条小街的中央,一座加油站把它和Paseo del Prado大街隔开。赫尔佐格和德梅隆说服业主买下并拆去这座加油站。此举扩大了入口广场,并与马德里的博物馆一条街——Paseo大道——建立了联系。阿尔瓦罗·西扎将要为这条大道做更新设计。这里是一片文化气氛浓厚的场域——1992年拉斐尔·莫内奥设计建造了Thyssen-Bornemisza博物馆,最近又完成了普拉多美术馆的扩建[详见《建筑实录》,2008年3月,第118页],不远处还有让·努维尔的Sofía博物馆扩建[详见《建筑实录》,2006年7月,第84页]——如今Caixa广场加入了它们的行列。

Caixa广场的基本策略很接近赫尔佐格和德梅隆在2004年设计的巴塞

David Cohn是《建筑实录》驻马德里记者。

摄影:© DUCCIO MALAGAMBA,除非注明;ROLANDE HALBE(左图)

项目: 马德里Caixa广场
建筑师: 赫尔佐格和德梅隆事务所——Jacques Herzog, Pierre de Meuron, Harry Gugger(合伙人);Peter Ferretto, Carlos Gerhard, Stefan Marbach, Benito Blanco(项目建筑师)
合作建筑师: Mateui Bausells

顾问: WGG Schnetzer Puskas (structural); Urcolo (m/e/p); Arup (lighting); Emmer Pfenninger, ENAR (facades); Patrick Blanc, Benavides & Lapèrche (green wall)
承包商: Ferrovial Agroman

赫尔佐格和德梅隆把建筑原有的洞口封堵起来，封堵所用的砖块是拆除室内隔墙余下的（右图、对页上图及左下图）。他们也打开几处新的洞口，其中之一能让访客从门厅看到广场上的活动（对页左下图）。建筑师将主入口安置于悬挑的体块之下（对页右下图），入口处折面吊顶加剧了空间张力。新增的体块（锈铁板层）是对周围坡屋顶建筑群的回应

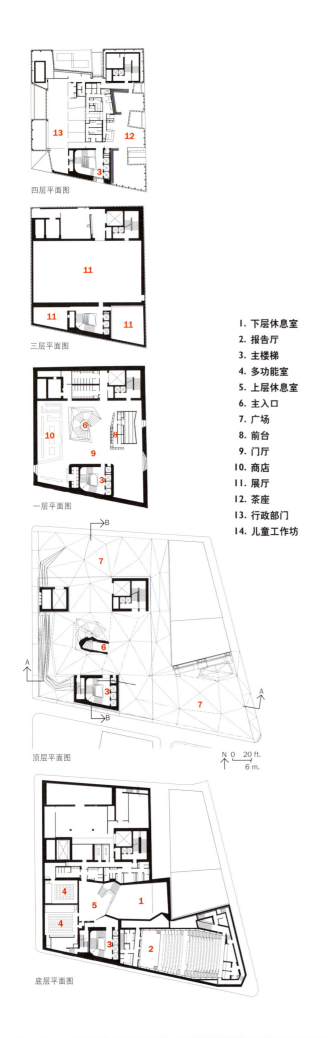

四层平面图

三层平面图

一层平面图

顶层平面图

底层平面图

1. 下层休息室
2. 报告厅
3. 主楼梯
4. 多功能室
5. 上层休息室
6. 主入口
7. 广场
8. 前台
9. 门厅
10. 商店
11. 展厅
12. 茶座
13. 行政部门
14. 儿童工作坊

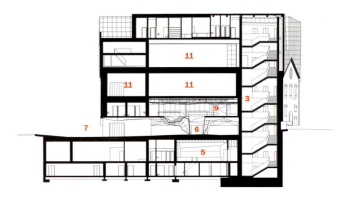

B-B剖面图

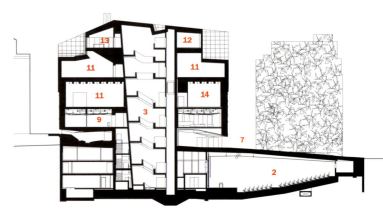

A-A剖面图

罗那广场 (Barcelona Forum) [详见《建筑实录》，2004年6月，第109页]。在这两个项目中，建筑都被抬离地面，创造出一块被遮蔽的公共广场以及点式入口，上方是不开窗的功能空间。在马德里项目中，这些封闭的空间包括底层门厅，以及二、三层的展厅和顶层咖啡，教室和报告厅被安放在地下层。这种空间处理是经典的柯布式底层架空 (pilotis) 的变体，不过在这里，建筑师隐藏了支撑的手段（从外部看，三个核心体量仿佛消失在标识和镜面玻璃背后），庞大的砖石建筑仿佛悬在访客头顶，给人带来不安的感觉。

不规则的地形条件强调了这种空间压缩，基地一侧是一条起坡的窄弄，建筑的核心部分被小心翼翼地放置在基地上，暗示人们沿斜向抵达入口楼梯。考虑到巴塞罗那的地域特征，建筑师富有技巧地处理广场的反光顶棚、采光和池塘的水声，从而创造了一处清凉的、岩洞般的，充满阴影和反射的空间。

建筑师在建筑上方的表皮肌理上打开几个洞口，而把原有的窗洞用回收砖封死，这些砖块被保存起来以便重修。这些举措，连同悬挑的姿态，把原立面上装饰的迹线、破损和修补的印痕转译为缄默的象形文字。

增建楼层的锈铁板延续了关于表面和材料的探索，选择锈铁板是因为它们和砖相衬。"我们曾经一直寻找一种和砖同样质地、同样色泽、表面同样柔软的材料，"赫尔佐格和德梅隆事务所合伙人亨利·古格 (Harry Gugger) 说道。"锈铁板的分量也恰好，它正是我们需要的。"

建筑师认为科顿钢过于规格化，他们倾向于那种会随自然氧化而变化的表皮。铁板上穿孔的图案根据显微镜下铁锈的形态随机选取。整个增建的体量被切成若干块，顶部倾斜，模仿着周围的屋顶。

入口处一座旋转楼梯（左图）将访客从广场引入门厅（上图），不锈钢地面和悬挂在二层楼板的吊柜强调了这处空间轻盈、悬浮的特点。报告厅外的休息廊（下图）的表面用过油橡木和延展的金属网压铸出起伏的效果。灯具的不规则布置使人联想到星空

雕塑般的旋转楼梯构成了建筑的主要竖向流线,其扶手弯曲连续,通体为细腻的混凝土

位于二楼（此图）和三楼（下图）的主展厅空间是策展人所喜爱的万能空间，跨度大而清晰，顶棚很高

表皮动态肌理的另一番演绎,是相邻建筑的外墙,露明的部分被一面郁郁葱葱的种植墙所覆盖,俯瞰原有的加油站(即现在的入口广场)。这个设计是建筑师与法国园艺家、艺术家帕特里克·布兰克(Patrick Blanc)合作完成的,似乎在向街对面的皇家植物园致意。

建筑的吊装是通过如下技术实现的:在砖墙内侧浇筑一层混凝土内衬使其连成结构整体,包括核心筒中的楼梯和电梯。组成入口上空折面吊顶的三角形钢板固定在二层楼板下方,从竖向拉杆上张开,渗入门厅,"像一组倒置的雨伞。"古格说道。壮观的螺旋形入口用不锈钢板折叠制成,来回倒映着门厅的荧光灯盏。不锈钢地板、外露结构的金属漆涂层和胡桃木吊柜,都加强了这个空间轻盈、悬浮的特点,与入口广场的幽暗、沉重形成鲜明的反差。

其余主要空间包括主楼梯,其壁板扶手连续弯折,混凝土表面十分细腻,333座的报告厅有一个巨大的前厅,用过油橡木和波纹金属网饰面。展厅是策展人所喜爱的万能空间,顶棚高敞、房梁露明。顶层咖啡吧像空中城堡,透过多孔锈铁板的面纱可以俯瞰植物园和周围的房顶。

尽管展厅24.7°C的恒温要求使节能变得不容易,设计团队还是在细节设计中最大限度地提高效能,诸如热辐射地板利用了楼板的热惯性,

庭院(上图)为远离建筑基线的顶层行政区域带来日照,咖啡馆上空悬挂着赫尔佐格和德梅隆设计的"精子"灯(下图),它们第一次出现在慕尼黑超级艺术馆(Hypo-Kunsthalle),为咖啡馆制造了温暖的情调

设置了两间机械室以缩短管道的长度。打孔锈铁板减少了太阳热吸收,被覆盖的入口广场和垂直花园在夏季可创造清新的微环境。

该项目的不足之处在于地下报告厅和楼上空间距离过长,加剧了电梯的承载力。不过,建筑的竖向组织方式也让赫尔佐格和德梅隆尽情发展设计策略,他们运用特征和拼贴的理念,赋予每个空间独一无二的感官体验。建筑师部分地通过探索不同材料的属性来实现这个策略,这也是他们一贯的工作方法。而在Caixa广场项目中,对变化、衰朽的探索达到一个新高度。同样值得一提的是建筑师对空间体验中"反差"的专注,诸如压缩和悬挑、地下室和屋顶、洞穴空间与楼梯。通过这场精彩的表演,建筑师既制造了一个吸引眼球的符号,也创作了一件充满复杂性的作品。

材料/设备供应商

成型铁板:vonRoll Casting
钢吊顶:EMESA
不锈钢地面:Hoba Stell
橱柜:Dekoart

照明:Zarza Illuminación; Odel-Lux; Modular Lighting; Belux; Se´lux
金属网板:IMAR

从某些角度看，建筑没有明显的支撑，坚向核心筒消隐在标识和镜面玻璃背后

远藤秀平建筑研究所在日本三木避难公园中设计的豆荚形穹窿建筑更好地适应新时代

Shuhei Endo designed the Miki Disaster Management Park Beans Dome so it would get better with age

17.4万ft²的建筑包括了9个网球场,分别是下沉的中心主球场以及两边各4个球场。3个椭圆形的天窗穿透建筑的薄外壳和三角形桁架空间

By Naomi R. Pollock, AIA 苏颖译 姚彦彬 校

在过去的20年间，大阪建筑师远藤秀平 (Shuhei Endo) 以其模糊边界的建筑手法佳作频出。这位48岁的建筑师用他最为喜爱的建筑材料——钢材，创造了延伸到屋顶的螺旋形墙面[详见《建筑实录》，2001年12月，第60页]，巧妙地将室内空间转向室外空间。他最近在三木避难公园中设计的豆荚形穹窿建筑物，呈球形状凸起，如同从周边公园似的环境中生长出来一般。该建筑包括兵库县的网球场和急救中心，它们被包裹在表面大部分覆以草皮的不锈钢壳体中，是远藤秀平迄今最富想象力的作品。

1995年的阪神大地震波及整个神户及周边地区，该建筑是对其迟到的回应。因为地方政府意识到市民和公共部门并没有为如此巨大的灾难作好准备，所以决定建造一个大型的地区性防震减灾中心。由于难民、补给卡车和救护车需要大量的机动空间，政府特批了三木县郊区742英亩的土地用于建造，该县人口8.4万人，距神户大约20英里(1英里=1.6km)。

现在基地上已经零星建造了大约10幢建筑，包括消防训练中心、室内地震模拟室以及各种体育设施等。但其中大部分建筑都只是缺乏创意的方盒子，与青翠起伏的山峦格格不入。远藤秀平则认为"方形的建筑太强硬了，而圆形的、弯曲的形式会更具持久性，能更好地与自然协调"。在此基础上，建筑师根据项目主题和场所环境推导出建筑的有机形式。由于近期内基地上没有其他新项目(除了三处分别由阿斯姆帕托泰 (Asymptote) 渐进线小组、Mecanoo建筑事务所、Peter Ebner + Franziska Ullmann建筑事务所设计的野餐场所以外)，因此远藤秀平可以自由地设计出体现其自身风格的建筑。但是场地也并非毫无限制，在39.8万ft²的地块上，外围有一大部分面积的土地是缺乏稳定性的回填土，远藤秀平不得不将建筑挤压在地块中间，以便留出足够的停车场地和东西两边的运输通道。

得益于分布在建筑外围的四个可移动玻璃墙板，在地震或是台风来袭时，补给卡车可以直接开到17.4万ft²的建筑中。在平时，运动员则主要从东边的穹顶形大厅进入。建筑的外形酷似一个巨大网球镶嵌在土地中，外表覆以醒目的黄色瓷砖，让人们无法忽略它的存在。建筑内部是单一的一个洞穴般的巨大空间，包括9个网球场地：1个下沉的中心球场以及两边各有4个球场。中心球场四周环以远藤秀平设计的观众座椅，这些木制座椅被异想天开地涂成了草绿色。唯一的附属空间包括分别位于主入口两侧的咖啡室和管理室以及主场地后面的男女更衣室。厚达10ft的瓷砖贴面钢筋混凝土墙从比赛场地的底部翻涌而起，时而作为后墙，时而作为屋顶，其褶皱包裹出一个个的独立空间。

"从本质上讲，我创造了一个在屋顶中嵌套屋顶的系统 (a roof-within-a-roof system)。"远藤秀平采用0.02in (1in=0.0254m) 厚的立接缝钢板，从底部到顶部形成连续的弯曲表面，并包裹住整个内部空间。但外表壳体却是令人惊讶的薄，由两片防水耐火的扁钢和一层穿孔钢板组成。它们相互搭接，形成三角结构以满足强度要求——壳体总厚度不足5in。为了取代有可能打断内部空间的柱子，外表壳体结构由7号钢搭接而成的7ft厚的三角空间桁架支撑。这些桁架排布在12ft的网格中，其连接点用钢球做保护。桁架的金属构件连接了一个13ft宽的钢筋混凝土圆环，能够将荷载分散到分布在建筑侧下方的385个混凝土柱桩上。而在空间桁架与穹顶入口的相交处，2ft厚的钢筋混凝土半球形外皮将荷载直接传递到了地面。

项目：三木避难公园豆荚形穹窿建筑，三木县，日本
建筑师：远藤秀平建筑研究所—Shuhei Endo, Aoi Fujioka, Wataru Horie, Shigeaki Nakamura, Mamiko Tanaka (项目团队)

工程师：结构设计实验室 (结构)
总承包公司：Kajima, Ando, Aisawa, Marusho以及Hirao 合资公司

Naomi R. Pollock是《建筑实录》驻东京分部的国际记者特派员。

含有10种草籽的绿屋顶覆盖了建筑的大部分表面（下图），黄色面砖的小穹顶作为主要入口（右图）

波浪形的瓷砖贴面混凝土墙从地面升起，包裹住一层的更衣室和其他辅助空间（右下图）。尽管大部分人通过形似网球的半球形大厅进入建筑（左下图），但也可以从更衣室下方的入口进入（右图）

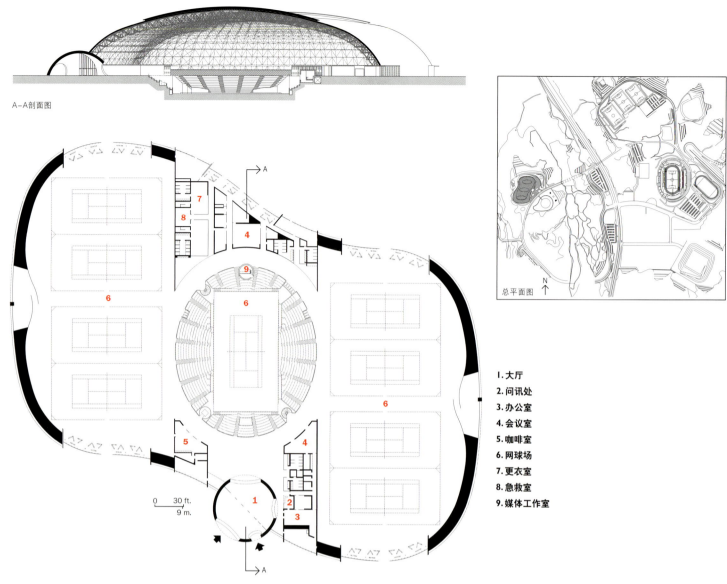

A-A剖面图

总平面图

1. 大厅
2. 问讯处
3. 办公室
4. 会议室
5. 咖啡室
6. 网球场
7. 更衣室
8. 急救室
9. 媒体工作室

"在建造中,我希望将这个建筑结构的用钢量减少到最小,同时也希望能源消耗量尽可能地缩小。"远藤秀平说。的确,桁架系统减少了用钢量,天窗、太阳能板以及分布合理的窗户使建筑即使在自然灾害后也同样能够高效运行。面积达527ft²的椭圆形天窗采用强化玻璃,其外表涂有能够减少紫外线照射并可控制眩光的薄膜涂料,为白天进行网球比赛提供了足够的日照。此外,中部天窗外的太阳能板为更衣室和其他辅助空间的照明设备提供了必要的能源,并能满足整个建筑室内的紧急照明。每个天窗与屋顶交接处都设置有环状的百叶窗通风口,它们与位于建筑基底的可调节窗户一起,创造出自然通风的抽吸效应。通过打开窗户时热空气的上升并被导出建筑,该自然系统消除了整个建筑对机械空调的依赖(除了咖啡室和其他附属空间)。即使不用电力,赛场内部在夏天还比外面要低5℃,而冬天则要高7℃。

进一步来说,这些优点还要归功于覆盖在建筑外表的2ft厚草皮。在日照最强烈的南边,66ft高的植被覆盖在随地面起伏的墙和屋顶连接体上,从视觉上完全遮蔽了建筑结构。在北边,植被覆盖层从南面的高度逐步减少到在阴影里的13ft高。"建筑往往被定义为人造的而非自然的,但我想要削弱这种人造的感觉。"建筑师说。实际上,远藤秀平在壳体上覆盖了含有10种草籽的土壤,并用管道雨水灌溉。随着时间流逝,草籽在建筑上扎下了根,大自然会来照料建筑。

作为远藤秀平"慢筑(Slowtecture)系列"中的最新作品,犹如烹饪领域中文火慢炖相对于麦当劳和肯德基,该项目是建筑领域中的"慢餐(slow food)"。远藤秀平希望随着自然植物取代栽培植物,这座建筑能够逐渐成熟,消除浓厚的人造材料感,并在建筑和景观之间建立起更加紧密的联系。日本的木建筑历史悠久,它们的美来源于时间的推移,这并非是新的观点。但在今天,当建筑的生命周期趋向缩短时,似这般具有足够胆量与长远眼光的建筑师已经为数不多了。

材料/设备供应商
幕墙: Hyogokiko
金属屋顶: Max Kenzo
屋顶桁架: JFE Civil
植被屋顶: Obayashi Eco-Technology Research Institute
玻璃装配: Tahira Glass
天窗: MakMax
弹性地板和涂料: BeZone
室外光环境: Fujiwara
照明控制: Toyo Denki

巨大的天窗为白天比赛提供充足的自然采光（右图和下图）。沿着分布合理的窗户，天窗下设置了一圈百叶窗，形成自然通风，使得除了更衣室和其他辅助空间这样的小空间以外不再需要空调系统

Richärd+Bauer建筑事务所引领人们穿越锈蚀的"钢铁峡谷",进入菲尼克斯的阿拉伯公共图书馆

Richärd+Bauer draws people through a rusting-steel canyon and into Scottsdale's Arabian Public Library

By Nancy Levinson 姚彦彬 译 戴春 校

在凤凰城（Phoenix）范围广泛的城市扩张进程中，身处偏远郊区的市民很难享有城市的生活品质。一个个大门紧闭、杳无人烟的社区组成了街道的场景；宽阔的街道使得车流通畅，但却造成了步行的不确定性；社会交往活动大多发生在规模较大的购物中心里。但即使这样，凤凰城的迅猛扩张还是在某些方面延续了一定的城市文化。最能体现此种文化的，莫过于地方上支持的那些带有理想性和公益性的市政工程，例如公共图书馆。

最主要的支持可能体现在地方政府成立的一个一流建筑委员会。由Will Bruder + Partners设计的Burton Barr中央图书馆从1995年开放至今，一直秉承着一套严格的标准。自那时起大约有6个分馆陆续建成，较新的两个分别是由Gould Evans 和 Wendell Burnette[《建筑实录》，2006年10月，第124页]设计的Palo Verde图书馆，以及由Richärd+Bauer[《建筑实录》，2006年1月，第96页]设计的Desert Broom图书馆。这些公共图书馆已成为建筑旅行者手中旅游指南上的必到景点。而最近列入其中的阿拉伯公共图书馆则是Richärd+Bauer设计的另一个图书馆项目。

阿拉伯公共图书馆地处城市远郊的菲尼克斯（Scottsdale）卫星城（依据该城市的风俗，其名字来源于一种马匹）。该城市地理环境极好，倚靠着4000ft高的McDowell山峰，形成了向东北方向延绵而去的狭长的独特自然风光。相对而言，建成的郊区环境则平庸单调，数英亩的郊区作为零售预留地，枯燥乏味地延伸到了保护区的边界。但可以明确的是，正是这种互斥的肌理激发了设计师创作一个在概念上复杂多样、气势恢宏的建筑。正如建筑师James Richärd 说："我们一直在和拙劣的周边环境作斗争。比如这些小型商场、连锁店，还有大量店面。在如今这种开发趋势下，如何去创造一

Nancy Levinson编辑是亚利桑那大学设计学院凤凰城城市研究实验室(Phoenix Urban Research Lab)的主管。在离开西部之前，她参与合作创立和编辑了《哈佛设计》杂志(Harvard Design Magazine)。

项目：阿拉伯公共图书馆，亚利桑那州，菲尼克斯
建筑师：主要设计者Richärd+Bauer的James Richärd，AIA；室内主要设计师Kelly Bauer；主管Steve Kennedy, AIA；项目建筑设计师Ben Perrone；室内设计兼制图小组 Stacey Crumbaker
工程师：Caruso Turley Scott（结构的）；KPFF（民事的）
总承包商：Redden Construction

当建筑对外开放之时，写着"图书馆"字样的大门旋转打开，人们便进入了这个"人造峡谷"的世界

1. 庭院
2. 门厅
3. 咖啡座
4. 阅览室
5. 计算机房
6. 青少年阅览室
7. 0-5区
8. 少年读物区
9. 活动室
10. 员工工作室
11. 会议室
12. 设备用房

个真实而可靠的空间？"Richärd和他的合伙人——室内设计者Kelly Bauer采用了一个面向建筑内部（"空间造就了它自身的肌理"，Richärd补充）并与自然景观强烈联系的空间模式巧妙地回答了这个问题。建筑师的灵感还来自于当地特有的狭长溪谷地质：被水冲刷而成的幽深狭窄的砂岩峡谷，形成了西南方向的显著特征。

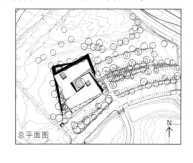

总平面图

这种对灵感隐喻式表达的挑战，是来自于对地形的控制，而并非其他的方式。令人高兴的是，建筑师们保留下了那些让人激动的景象（正如他们在Desert Broom图书馆所做的那样，那里有一棵树被认为是环境里不可缺少的一员而得以保留下来）。在阿拉伯公共图书馆，该建筑带给人们如同峡谷一般的感受。这种体验从一进建筑入口，面对着建筑外表具有极简风格的锈蚀钢板时就开始了（建筑观光者将会清晰地记得Richard Serra，并会被获准用电脑特技将其附近其他住宅建筑上的混凝土瓦屋顶从照片上抹去）。如果你穿行于用红棕色围墙限定的狭窄蜿蜒的小路上，那么这种体验还将继续。这些墙的角度轻微向内倾斜，墙角下有一条浅显的水道，这水道用光滑的石头排列而成。有时，水道里会积满水，水流沿着建筑的边缘流动。几条水道交汇于精心呵护的入口庭院里，这里是一个简易的苗圃种植园，种植了palo verde树和hopbush灌木丛等植物样本。西雅图艺术家Norie Sato说，这些本地生而俱有的景观成为了场所里具有独特价值的艺术作品。这些作品由钢铁玻璃的嵌花浮雕以及独立式的雕像构成，都是由仙人掌的结构发展而来的。

一走进内部，你就会发现图书馆新旧功能被周密地安排在内部大厅的四周及景观平台上。相较之下，传统的设计元素包括：高级的阅览室，室内设置有书架和长桌子；舒适安逸的儿童房间，连同一个游戏室和内置的木偶舞台；一套员工办公室和活动空间。但要提到公共图书馆的发展如何适应多媒体、多任务的文化需要，就要说到非常规的空间。例如，在大厅里，旧式的环形桌子让位给了电子浏览查阅设备，在大厅外的杂志架旁边，读者聚集在报刊亭附近，品尝专业咖啡师炮制的拿铁咖啡。在主阅览室里，桌子上摆满了电脑，大多数阅读的活动是在屏幕上完成的，而不是在纸面上的。在咖啡厅和电脑机房里不时发出友好的嘈杂声，这些声音引导着图书馆管理员在他们的工作

在建筑外表，建筑师们将照射其上的强烈沙漠日光控制到了最小眩光的程度（左上图），并通过庭院向建筑内部引入了自然光线（右上图）

当人们步入2万ft²、造价840万美元的图书馆时，Richärd+Bauer在图书馆内部的室外空间中精心地安排了一条蜿蜒的路径。而当他们接近中间的入口庭院时，读者还可以瞥见建筑内部的情况（右图）

儿童活动区（上图）面向露天平台，是这座图书馆中多个室外空间中的一个。休闲阅览室面向另一个露天平台，而主要阅览室（下右图）以及支柱空间（对页图）则借用了中心庭院的景观

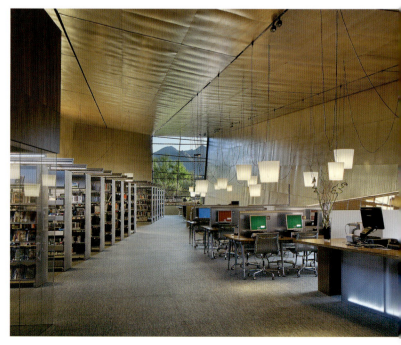

计划中，引入添加几间"静音房间"的计划——显然，这种房间在传统的图书馆中是多余的。内部的陈设和装饰不仅圆滑而有光泽，并且坚实而牢固，其中包括来自于Herman Miller和Knoll的中世纪经典家具、胡桃木的孔板以及专门订做的钢铁树脂材料的书架。幸运的是，自从去年秋季开馆以来，这个面积大约2万ft²的图书馆（它取代了附近一个小的图书馆），每每成为附近一个个新驻社区的居民深受欢迎的目的地。Scottsdale图书馆的主管Rita Hamilton指出，图书馆的角色正在转变，同时它也在扩展。"书籍就是我们的商标，是我们工作的中心。而在今天，图书馆同样也是交流中心，在这里每一个人都将受到欢迎，并且可以任意享用我们提供的服务、空间和设施。"

由于建造环境和自然场所的互斥性，平庸的开发环境和非凡的地域景观之间的张力成为阿拉伯图书馆设计的灵感来源。建筑师成功地处理了，或是说引入了另一种潜在的矛盾——他们在这个依赖汽车的低密度环境中，巧妙地创造了一个LEED银奖建筑。为了达到这个等级，他们对项目区域的范围实行了限定，以保护脆弱的沙漠环境；对深受欢迎的小摊贩予以特惠；彻头彻尾地使用可循环和可再生的材料，包括从回收利用的钢板外皮和粉煤灰混凝土，到重复使用的保温隔层和地毯，以及米黄色的门窗框和面板；在升起的楼板间安装了制冷和制热系统，以避免顶棚过于寒冷以及造成的能源浪费；并且有意识地采用自然光照采光，在满足高照度的同时，减少对灯泡热量的获取需求。

根据图书管理员的介绍，当地居民一反当初保留性的态度，对这个新图书馆给予了积极而又热情的回应。阿拉伯公共图书馆资深合作者Yvonne Murphy说，"当然，最初有些人问我们，建筑的外表为什么没有采用米黄色的涂料。"但最终，读者们都被图书馆优美而有趣的复合空间所吸引，尤其是被当代审美观所折服。"人们开始理解建筑与场所的真正关系，而这关系正是对沙漠景观的当代释义。"

材料/设备供应商
结构钢材：Castle Steel
电镀钢：Elward Construction
眩光及天窗：Cook's Arcadia Glazing
悬吊顶棚栅格：Armstrong
家具制作：Stradlings
墙面装修：Walltalkers
面板：3-Form
弹力地板：Mondo; Armstrong
地毯：Millikin; Lee's Carpet

UNStudio以集市剧院的晶体状形式与激荡的色彩使一个宁静的荷兰小城焕发出活力

UNStudio shocks a quiet Dutch city to life with the crystalline form and electric colors of the AGORA THEATER

By David Sokol 茹雷译 戴春校

设想一下孩提时代的本·范·伯克尔(Ben van Berkel),穿游在荷兰的各个剧院中,听着他的母亲在最新的音乐剧合唱团中歌唱;接着再快进到成年之后:范·伯克尔作为与卡罗琳·博思(Caroline Bos)合开的知名建筑事务所——UNStusio的总监,站在距他阿姆斯特丹办公室约45分钟车程的伊斯雷米尔(Isjlemeer)湖的人工湖岸边。从清晨到黄昏,低垂的积雨云从头上掠过,而设计师则在记录着天空多变的色彩。

范·伯克尔在讨论集市剧院时构想出这样两幅自己的图景。这是UNStusio去年完成的一座3.75万ft²的新建筑,包括753座与207座的观众厅、一个饭馆,以及相关空间。他的上述经历启发出这座剧院建筑出乎寻常的倾斜与悬挑,以及包裹着这个外形的烈焰般的色系。

集市剧院坐落在阿姆斯特丹远郊的莱利斯达(Lelystad),这里位于伊斯雷米尔湖边。2002年,当市政当局邀请UNStudio提出剧院方案时,它已经开始实施由鹿特丹城市规划与景观事务所West 8

David Sokol是一位纽约的自由撰稿作家。

项目:集市剧院,荷兰莱利斯达市
甲方:莱利斯达市
建筑师:UNStudio——Ben van Berkel, Gerard Loozekoot, project heads
工程师:Pieters Bouwtechniek
声学设计:DGMR
照明顾问:Arup
剧院顾问:pb/theateradviseurs

集市剧院从莱利斯达单调的背景中脱颖而出。晶体状设计替换掉传统的舞台天桥,将这个塔楼的体量与整座建筑整合在一体。从地面看,宛若船头形状的造型标示出剧院的入口

集市剧院背面的南立面紧挨着莱利斯达公共广场,那里在集市期开始展示出生机勃勃的场面(左图)。尽管建筑的入口朝向道路,但入夜后,围拢着前入口的碎片式玻璃体量由室内照明而闪耀发光(下图),吸引市政广场上的步行人流走向入口。前厅、衣物存取与咖啡厅在多个楼层聚拢着这些巨大的窗户(对页图)

的阿德里安·古兹(Adriaan Geuze)设计的总体方案,以复兴莱利斯达城。

在这个时候,总体方案的实施尚未触及到莱利斯达的最核心内核,那里是一处比邻本地火车站的公共广场。这座城市建于1967年,城中心是典型的那个时代荷兰规划的产物:一个由低层和中层的褐色砖建筑群混合而成的组群。这些建筑旁是一处过大的负空间,这里在夏季的周末会搭起集市摊位。但是它们组合得不够紧密,无法在更寒冷和阴暗的条件下催生出连贯的形式。根据古兹的构思,集会剧院会将这个浮沉不定的公共空间锚固下来。

尽管围绕着莱利斯达广场的无序的建筑排列似乎透露出UNStudio竞赛中标方案的多边形平面,但范·伯克尔说集会剧院的几何形式源自于他的个人经历。在追随着母亲的各次表演中,他发现大部分剧院的舞台天桥都从它们的主体部位突出出来,比指挥手上精雅的指挥棒还要扎眼。范·伯克尔回忆道:"你并不享受去剧院的经历,因为它们看上去不够亲和。"不过他也指出儿时的一些好的建筑类型的例子,比如乌德勒支(Utrecht)的提沃里(Tivoli)管弦乐厅。

据此,UNStudio为集会剧院的设计隐藏起舞台天桥,把它与整体结构结合在一起。这座钢框架建筑的平面除了曲折的北边部分,大体是一个长方形。玻璃幕墙的地面层入口以及其上二层的小观众厅界定出这一参差不齐的边。另外,东边立面上像手指一样的悬挑部分被用作主舞台的后台。从剖面上看,整座建筑自地面而出,在北向的入口处大胆地向外倾斜,于其上构成一个巨大的横向体量,在一系列戏剧性倾角的造型中类似于与舞台天桥一起出现的柱基。

建筑的外表皮是棋盘格的,由钢板、瓦楞铝板、铝网以及大量的玻璃组成,宛若微缩的山峰。这种对多样金属的使用折射出当下荷兰设计师的那种能力,他们从普通材料中找出超越性的东西来,同时扩展了棱柱形体的整体素质。也就是说,这座建筑像有着高度技巧的舞者,从各个面上都引人入胜。联想到集市剧场独立地伫立在莱利斯达的公共广场上,它的入口面向相邻的道路而不是步行的都市核心。建筑物所有立面上的动感确保了城市与经由汽车到达剧院的观众之间展开一种对话。

简单地讲,集市剧院是一位歌剧女主唱。在白天,它的外表是一

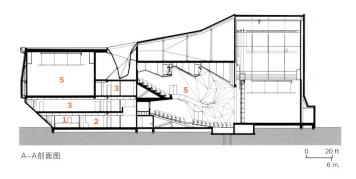
A-A剖面图

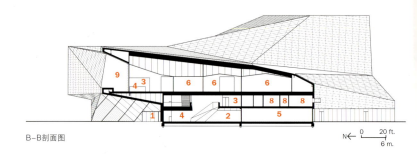
B-B剖面图

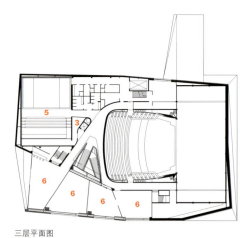
三层平面图

1. 入口
2. 主前厅
3. 门厅
4. 酒吧
5. 观众厅
6. 多功能厅
7. 后台
8. 办公室
9. 楼座
10. 餐厅

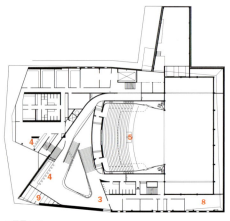
二层平面图

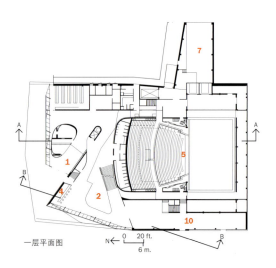
一层平面图

有着大胆的蓝紫色镶边的巨大楼梯盘旋在一层的前厅之上,向天窗奔腾而去。楼梯通向主观众厅的楼座,其宽度能够在人们聚集的时候不至于阻碍人流通过

建筑外表面的碎小平面重新出现在753座的主观众厅内（左图），这一主题通过尖角状的密实介质纤维板和石膏板完成。在小型乐池之外，UNStudio减少了通道数量并创制出一个马蹄形的楼座，以营造观众与演员的亲密气氛(对页图)

个激情四溢的街道表演者，在复兴了的莱利斯达动感的肌理中扮演自己的角色。入夜，它杂乱堆积的种种造型与前厅灯光在近旁火车站地平线上的辉耀，吸引着阿姆斯特丹的通勤者们在归家前享受一下几个小时的文化。

这些让这座建筑如此迷人的彩色的晶体状部件也同样赋予它一种神秘的气质。集市剧院最高的体量部分印证着把外向的外表转化为室内体验的困难。除去扭曲、翻转以便容纳750座观众席的舞台天桥外，塔楼部分还包含着出乎意料的蓝紫色的稍微有些小刻面的楼梯，围裹着前厅冲向铝网覆盖的天井。在为这个小型剧院提供声学隔断之外，蜿蜒而上的楼梯仿佛永无尽头，在唤起建筑外观的同时，也象征了那些与剧院看戏相关的奇想的飞腾。这同样也体现在主观众厅内，那里参差不齐的声学板对应着建筑的晶体状表皮。而且，它们涂着饱和的红色，勾勒出传统上悬挂在舞台之后的天鹅绒帷幔。

在呼应建筑外观的同时，室内部分与建筑共同协作以应对都市领域。这点在建筑的前厅尤为显著。UNStudio把房间放在购票和存放衣物这一序列的尽端，将人流引向这个空间；再借助安放于房间内的酒吧，避免观众四处游荡。尽管楼梯在兴致浓酣的人们的头顶上呼啸而上，但它的底部却给人一种顶棚的效果，为紫色调的区域提供了一种亲近感。从外边透过前厅倾斜的玻璃幕墙看到熙攘的房间的景象对于夜晚莱利斯达荒凉的广场而言不失为一种慰藉，尤其对于步行绕过建筑的背面走向剧院的人们而言。

集市剧院对于莱利斯达公共领域的认知，以及它近乎痴迷的激活努力，明显使这座建筑既成为都市空间的启动者，同时又是一个雕塑作品。虽然棋盘格的表面曾经被其他建筑师广泛地应用过，这几乎可以看做是参量造型的经典，但范·伯克尔对于建筑在莱利斯达肌理中角色的体察超越了简单的风格化。

集市剧院不单对那些被三角形面板构筑的体量所吸引的其他建筑师树立了标尺；对UNStudio而言，它或许也是一个关键的折返点。在这个10年的前期，范·伯克尔与博思设计的建筑注重形态学之外的色彩处理和其他视觉效果。在集市剧院中，UNStudio回归到建筑的变形手法，同时不牺牲动感的外表皮。实际上，这些元素的结合可能恰好帮助莱利斯达甩掉视觉与文化的平淡印象。范·伯克尔说："最近，我倾向于相信你必须尽可能地尝试与创新。在要启动一种组织内涵或其他有效应的品质时，你确实必须要了解你的对象。"

材料/设备供应商
铝板: Hafkon
标识: Dehullu
立面: Van Dool Geveltechniek
室内平面图案: Vertical Vision
电梯: ThyssenKrupp
主观众厅座椅: Fibroseat
小观众厅座椅: Stol Nederland
竹地板: Moso
天顶板: Luxalon
声学板: Topakustik

Introducing the NEW *GreenSource* Book Series

- ♦ Improve Your Green Design Skills with 24 Full-Color Case Studies

- ♦ Packed with 200+ design-inspiring photos & illustrations

- ♦ Written by the experts at *GreenSource* Magazine

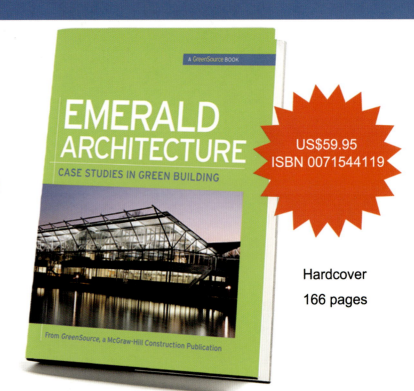

EMERALD ARCHITECTURE: CASE STUDIES IN GREEN BUILDING
US$59.95
ISBN 0071544119
Hardcover
166 pages

Green Building — US$65.00, 0071546014 — Hardcover, 261 pages

The Engineering Guide to LEED—New Construction — US$99.95, 0071489932 — Hardcover, 392 pages

Solar Power in Building Design — US$99.95, 0071485635 — Hardcover, 476 pages

The Green Building Bottom Line — US$69.95, 0071599215 — Hardcover, 384 pages

McGraw Hill
Learn more. Do more.
www.mhprofessional.com

Tel: +86(0)10 62790299 ext. 124   Fax: +86(0)10 62790292   Email: xuan_qi@mcgraw-hill.com

市民建筑 CIVIC BUILDINGS

人为先 PEOPLE FIRST

对建筑师来说，社区的中心通常要求在有限的预算下进行合理设计。这些项目对人生活的关注弥补了它们可能缺乏的外表魅力

By Jenna M. McKnight　王衍 译　戴春 校

5.4.7 艺术中心 ARTS CENTER
堪萨斯州格林斯堡
Greensburg, Kansas
由丹·洛克希尔主持的堪萨斯州立大学的设计课程组——804工作室，为农村小镇设计并建造了这座获得"能源与环境设计先锋白金奖"（LEED-Platinum）的多用途建筑，它能抵抗EF5级的飓风

金特里图书馆 GENTRY LIBRARY
阿肯色州金特里
Gentry, Arkansas
在这个只有3500人的小镇中，马龙·布莱克韦尔建筑事务所非常聪明地将一个拥有百年历史的砖结构房子转换成帅气的图书馆，为古老的主大街添加了一道亮丽的风景线

柯因街邻里社区中心
COIN STREET NEIGHBOURHOOD CENTRE
伦敦 London
为了满足低收入社区对托儿所及集会场所的需求，霍沃思·汤普金斯创造了一个具有高度适应性的、由丰富色彩勾勒的栩栩如生的超级绿色建筑

　　我完成新闻学学位后的第一份工作，是为一家印第安纳州的报纸制作关于"社区"的热点新闻。这个职位的工作承担制作日常社会新闻，它们取材自一些乡村小镇，周围是无尽的玉米田和大豆田、零星的教堂、农产品货摊，以及白色篱笆围起来的小房子。作为来自美国第五大城市的凤凰城人，这份工作对我来说充满了异域的新奇感。为了寻找故事的素材，我花费了大量时间，在各种社区中心、图书馆乃至集会大厅体验人们的集会活动，比如烤烧饼早餐、公益献血、跳蚤市场出街。从建筑学的意义来说，这些场所只是简单的由标准的砖木结构所定义，没有什么特别值得关注的。但是，从居民的角度来说，它们则是极其重要的城市场所，作为服务于所必需的市民功能而存在。

　　即使在今天网络主导的世界里，有无数繁荣的在线社区，人们仍然需要一个真实的场所进行交往。在这个月的"建筑类型研究"中，我们将特别介绍一些项目，他们分别基于乡村和城市文脉勾勒出其场所的重要性。

　　首先，我们来关注这个在格林斯堡（Greensburg, Kansas）的一个出色的项目。这个位于堪萨斯州的小镇曾经在2007年5月的风暴中受到重创。在这里，堪萨斯州立大学804工作室设计课程的学生，仅用4个月的时间就设计并建造完成了这座5.4.7艺术中心。这个规模1600ft²的中心，现在成为极受欢迎的聚集地点，为该地区的城市复兴起了极为关键的作用。

　　下一站：坐落于阿肯色州奥扎克山附近一个小镇的由马龙·布莱克韦尔（Marlon Blackwell）建筑事务所设计的金特里（Gentry）图书馆，复苏了正在发展的小镇里的主要街道。在这个适应性的再利用项目中，设计公司将一座2层楼的仓库构筑物转化成另人瞩目的社区中心标志。

　　然后，我们跃过大洋，去拜访伦敦柯因街的邻里社区中心，它由霍沃思·汤普金斯设计公司设计。这座4万ft²的设施位于南岸地区，为周围福利住宅的租户提供了必须的宜人城市功能。南岸地区曾是一个被抛弃的城市地带，感谢20世纪70年代那场由城市居民充当先锋队的草根阶级运动，现在这里欣欣向荣。在一个排列着各种历史建筑的密集的街道中，建筑师创造了一个功能和风格结合的当代建筑示例。

　　朴实的市民建筑可以让建筑师感到极度的愉悦，他们想让他们的作品改变人们的生活。通常，这些建筑并不炫目。一个社区中心标准功能要求高度注重实效的建筑和灵活多变的建筑平面，以及少量的装饰和在美学上免受攻击的造型。预算可能异常紧张，因为建设的基金经常由纳税人和个人捐献者提供。这个月我们推荐的项目囊括了这些挑战。它们并不是外表令人惊愕的艺术作品，确切地说，它们是精心设计的"世上之盐"（新约，马太福音中的典故，精品，中坚力量的意思）。它们丰富了邻里社区，并将人放在首位。

5.4.7 艺术中心 ARTS CENTER

堪萨斯州格林斯堡 GREENSBURG, KANSAS

804工作室仅花了四个月的时间，就为这座曾遭受风暴袭击的小镇预制并建造完成了一座获得"能源与环境设计先锋白金奖"的社区艺术中心

By Charles Linn, FAIA 王衍 译 戴春 校

设计建造：804工作室——Dan Rockhill, 教授；以及Zack Arndt, Sarah Boedeker, Krissy Buck, Jessica Buechler, Mark Cahill, Chris Clark, Justin Cratty, Corey Davis, Lindsey Evans, John Gillham, Erik Heironimus, Abby Henson, Boyd Johnson, Jenny Kenne Kivett, Will Lockwood, Simon Mance, Tim Overstreet, Katie Rietz, Corey Russo, Josh Somes, John Tarr, Megan Thompson, 学生

工程顾问：Norton & Schmidt
业主：5.4.7 艺术中心

规模：1600ft²
造价：33.6万美元
完成日期：2008年5月

材料/设备供应商
结构：Louisiana Pacific; Universal Forest Products; Certified Wood Products（框架）
浴室固定设备和瓷砖装潢：Toto USA
幕墙：Vitro America（玻璃）; Fastenal（扣件）; Unistrut（轨道）; Vaproshield（防雨设备）

如果你想要驻留于一个美妙的地方，安全、可靠，周围都是友好的人们，那么你很难再找到一个比格林斯堡更好的地方了。这个小镇位于堪萨斯州西南部的平原，在那里，幸福安宁的感觉可能随时受到突如其来的恶劣天气的威胁。不幸的是，这样的案例却发生在2007年5月4日，一场EF5级别的飓风在仅仅几分钟内就吹毁了镇里的大部分设施。

功能

804工作室是堪萨斯州立大学建筑与城市规划学院的扩展设计建造课程。来自工作室的学生找到了为格林斯堡重建贡献力量的方式。2007年12月，他们接受了建造一座小型艺术中心的设计邀请。中心包括一个画廊空间，还有教室和现场观演厅。它后来获得了"能源与环境设计先锋白金奖"（LEED Platinum），如同许多其他在风暴之后建造的公共建筑一样。

学生们加了丹·洛克希尔教授的全日制、一学期的研究生级课程，为了风暴灾难的周年纪念，他们必须在4个月内完成这个课程。804工作室在全国非常有名，它已在9年内建造了9个单亲家庭住宅。工作室的学生除了要完成设计工作，还要提供劳动力，诸如铅锤校准和布线这种技术工作，以及捐款、做预算、登记入册。除此之外，还有寻找建筑材料的捐款等等。

解决方案

5.4.7艺术中心以风暴灾难发生的日期命名。它的功能要求非常简单，最终的平面也一样：由一个画廊开始，接着是会议室、休息大厅、小型厨房，最后是浴室，按顺序排布于一条直线上。这种平面功能的线性排布掩盖了建筑复杂的细节、建造的技术，以及附属系统、能源模型，以适应参加能源与环境设计评选的需求。建筑基地是平坦的，因此建筑结构从高3ft的方形基座开始搭建，以突出建筑自身。

804工作室的学生早在多年前就已发展出一种预先制造他们的居住项目的方法，5.4.7也同样适用这种方法。建筑的七件模块的建造于

5.4.7艺术中心位于水塔右侧的街区内

2008年1月的第二个星期开始，在距堪萨斯州的劳伦斯镇300英里远的一间空置仓库里建造。模块的制作包括木制的筋隔条、预设计的木制地板和屋顶桁架。模块表面包裹道格拉斯杉木，是学生从一座旧的弹药库建筑上抢下来的。七件模块在开始制造后12个星期进行加框、隔热、包覆、盖顶、预埋管线、预装石膏板等工序。然后被装载七辆双轮拖车上，拖到建造现场并卸载到基地上。然后，它们被安装在一起，完成室内装修、校准空间垂直、安装管线等工作。

木制的装修层由现场建造的单元式玻璃幕墙所保护。幕墙玻璃通过钻孔和锚栓被固定在镀锌钢支架上。

可推拉的玻璃门组成了整个南侧墙的画廊。这些门被玻璃覆盖的

风暴过后遗留下来的一些残骸（上图）以及坚强勇敢的格林斯堡人。南立面的画廊推门（下图）由安装在钢结构框架上的玻璃屏栅环绕保护。这里展示的是其开放状态的样子。

这座建筑被安装在一个3ft高的方形基座上，这使得它在宽阔的基地内更显得突出（右图）

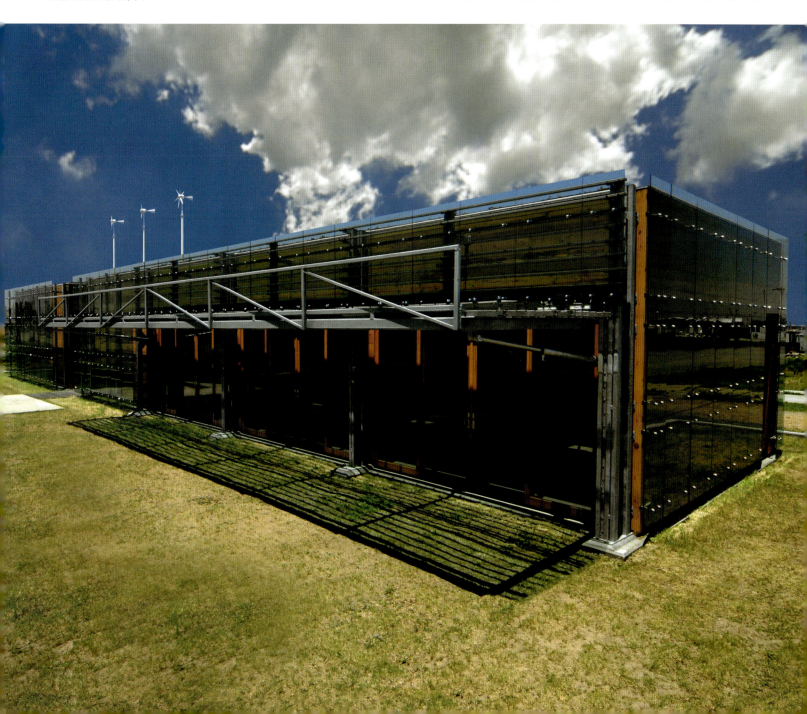

学生正准备将5.4.7艺术中心的其中一个模块装载到卡车上（左图）；模块正被吊装入基地（左下图）。画廊（下图）有推拉门向外畅通。当建筑不用的时候，玻璃屏栅就将其遮挡起来（底图）

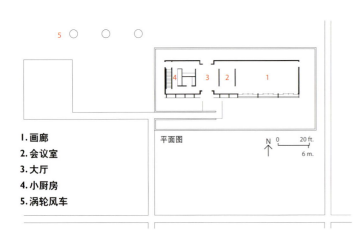

1. 画廊
2. 会议室
3. 大厅
4. 小厨房
5. 涡轮风车

平面图

挡板极为聪明地遮挡。钢框架支撑着这些挡板，同时也支撑着遮阳百叶。当一对液压管传动着框架，将其从正常的竖直位置转至水平位置时，推拉门就可以打开通向室外的草地。提供这一传动的机械装置是根据打开飞机悬挂舱门的方式改造设计的。这座建筑有一个种满植被的屋顶。同时建筑加热与制冷由地热泵完成。建筑的大部分能源来自于涡轮风车以及太阳能光电板。

点评

2008年5月4日，风暴灾难的1周年庆也就是设计开始的18个星期之后，这个中心举行了它的第一次开馆仪式。在那之后，各种活动也非常频繁地进行，且人气很高。难以想像的是，仅仅这样一栋小建筑所带来的影响之大，好似整座城镇的市民与社会生活经历一个世纪所建立起来的影响力一夜之间消失殆尽了。在那些发生着同样事情的城镇与城市中（如新奥尔良），我们很容易产生对如5.4.7艺术中心这种特别建筑的特殊需求，以给予人们一种感觉，即他们和他们居住生活的地方是非常重要的。即便在最好的时候，美国也很少有城镇像这座城镇那样获得如同宝石般的祝福。当然，这个项目也并非没有受到批评。所幸的是，所有的讨论都只是关于是否有必要现在建造这座建筑，或者是关于是否它太绚丽太昂贵了。这类批评通常总是容易在这类项目中遇到，当然很快就会消散，因为这座建筑的确起作用了。只需要问一下那些骑着车、每10分钟就要停下来看看中心是否开放的小孩，或者那些开着异地牌照的汽车、围绕着这个街区缓慢行驶，希望能够好好看一看这栋建筑的人们。对所有这些人来说，它是平原中出色的毕尔巴鄂效应（Bilbao-effect）的例证。

在这里，覆盖着画廊推拉门的玻璃屏栅是关闭的。玻璃后面平行的钢制百叶为画廊遮挡着阳光的直射

金特里图书馆 GENTRY LIBRARY

阿肯色州金特里 GENTRY, ARKANSAS, USA

马龙·布莱克韦尔建筑师事务所将一座百年之久的旧五金商店加以整修，使之成为复苏的城中心闪耀的灯塔

By Jane F. Kolleeny 茹雷 译 戴春 校

建筑师：马龙·布莱克韦尔建筑师事务所——Marlon Blackwell, AIA（负责人）；Ati Blackwell, Assoc. AIA（项目经理）；Gail Shepherd, AIA, David Tanner, Assoc. AIA; Julie Chambers, AIA, Scott Scales, Tony Patterson（项目团队）
甲方：金特里城
设计顾问：Joseph Looney & Associates（结构）；GA Engineers（机电水暖）；Civil Engineering（土木）；Stuart Fulbright（景观）；SSi Incorporated of Northwest Arkansas（施工总包）

面积：11970ft²
造价：120万美元
完工日期：2007年10月

材料/设备供应商
金属/玻璃幕墙：Preferred Systems（金属）；Bentonville Glass（玻璃）
天窗：RGC Glass
涂料：Sherwin Williams
地毯：Shaw Contract Group
顶棚：Armstrong
瓷砖：Floorazzo
木地板：Smith Hardwood Floors
照明：LSI Industries
五金：Corbin Russwin Architectural Hardware
门和入口：Marshfield Doors; Bentonville Glass; C.R. Laurence; Ceco Door Products

金特里公共图书馆不算大的面积和低造价（11970ft²，每平方英尺180美元造价）透露出它对阿肯色州金特里社区的重要性。这座图书馆已经成为城中心区复兴的奠基石，同时也是当地2500位居民的重要教育资源。然而这个项目历时7年才得以完成。据马龙·布莱克韦尔说，尽管有着预算限制和一些反对的声浪，"社区从没有动摇过"。他的布莱克韦尔建筑师事务所位于临近的费耶特维尔（Fayetteville）。

任务书

与许多美国小城镇类似，金特里处于勉强挣扎之中。近几十年，它主街上的百货商店、药店和五金店纷纷倒闭关门。就业机会很渺茫：镇上多数居民在本地的麦吉（McKee）食品工厂工作（最知名的产品是小黛比点心）。加之，小城位于阿肯色州西北角的奥扎克山区中，这里是美国最穷困的州之一，使它的境况更难改观。布莱克韦尔将城镇的主街描述为"风雨剥蚀的、有些凋残的、粗糙不平的一个地方，承载着那些更有活力的时光的见证"。他接着又补充道："它复苏得很缓慢，但有着既定目标。"

图书馆将建在一座2层高的百年之久的砖房里面，这里曾经是一个五金商店。虽说没有什么大的建筑学意义，但这座建筑却被社区所珍视，并希望加以保护。建筑的任务书包括一个阅览室和相关的服务区，以及一个社区房间与历史和家谱中心。

建筑旁有着未开发的地块，预示可以将社区活动延伸到图书馆的户外。项目构想的部分包括图书馆背面的竖向花园以及在图书馆后面为古旧救火车建造一座展示建筑。这两个项目都由于资金不足而被搁置。

解决方案

布莱克韦尔将这个粗砾的、小坑遍布的建筑作为一个历史文物对待。他移去二层窗户的玻璃，原样保留砖砌的窗洞与装饰线角，再将它们嵌在一个轻微外凸的玻璃悬挑中。其中一些悬挑作为图书馆展示奇特藏品的窗口，包括在玩原木的水獭标本的野生动物展览。他将整个主街立

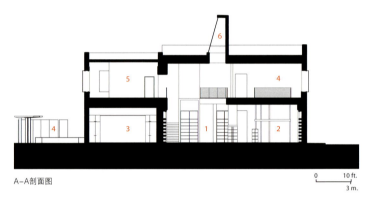

A-A剖面图

1. 图书室
2. 电脑区
3. 麦吉社区中心
4. 金特里社区花园
5. 图书馆档案室
6. 天窗

面转换成玻璃幕墙，以邀请外面的人们"走进来"。

步入室内，如此大量玻璃采光的益处一目了然。流畅简单、光线充足的室内采用嵌在墙内的樱桃木书架，以最大限度地利用空间。设在后面的楼梯将人们引向二层，这里包括更多的书架以及一间馆长办公室。在这里，一个重修的天窗朝上突出，将光线引到中庭，照亮第一层的休息区。受紧缩的预算所限，监狱服刑人员参与移除、标注、复原热压金属顶棚；而布莱克韦尔事务所的员工则免费绘制了重新装换的顶棚，并把它作为对社区提供的一项服务。

图书馆旁的一处空地被改作袖珍花园，那里有着攀爬藤蔓的

图书馆占据着主街的一角,这里排布着小型商店和空置的建筑,在东边(左图)沿高速路新开发的商业项目的冲击下挣扎。因为有着充裕的玻璃墙面,辉耀的建筑仿佛是暮色中的灯笼(下图)

在室内，结构柱被分别用作上半部的灯箱和下半部的书架（本页图）。主街上透明的立面似乎在邀请路过的人们（对页图）

凉棚和水景雕塑。图书馆首层的社区厅面向花园开门，主街上步行的人们可以方便地步入其中。图书馆后面的广场有着混凝土铺底，上面覆以玻璃顶，为一些活动提供了场所，诸如图书节、蛋糕售卖会，以及跳蚤市场这些被期盼的乡间集市。

点评

对于某些建筑师来说，金特里主街上折中式的建筑罗列会显得了无意趣。但对布莱克韦尔而言，这却是他最为熟悉的画布。在他最新出版的专辑《奥扎克山区的建筑》（普林斯顿大学出版社，2005年）中将这一地区描述为"有着真正的自然的美丽，同时也有着建设的丑陋"。这种场景被布莱克韦尔视为一个"可能性的深广源泉"。

布莱克韦尔说，这里的文

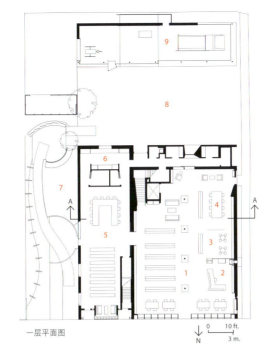

一层平面图　　二层平面图

1. 图书室
2. 借阅
3. 儿童区
4. 电脑区
5. 麦吉社区中心
6. 厨房
7. 金特里社区花园
8. 社区广场
9. 救火车展览（计划中）
10. 馆长办公室
11. 古旧电梯
12. 展示区
13. 图书馆档案区

一个重修的天窗朝上突出，将光线引到中庭，照亮第一层的休息区

脉"不仅是我们项目的设定，也是我们项目的一部分"。图书馆作为主街沧桑的一分子，同样也是社区文化、教育和社交生活的中心，金特里城的一个尊贵的公民与都市存在都会激发起人们对城中心其他建筑的保护。如今，占全城人口80%多的2000多市民已经拥有阅览卡，佐证出这一社区珍视的价值。

由此，在西北阿肯色州的长方形鸡舍、汽车活动房停放区、棚屋和街边小店之中，布莱克韦尔的设计为这一地区传统的生命力作出了贡献。他延续着这种不招摇显眼的、深思熟虑的作品，与他的恩师费耶特维尔（Fayetteville）著名的E·费·琼斯（美国建筑师学会会员）相契合。

由斯图亚特·福布莱特（Stuart Fulbright）设计的紧邻图书馆的社区花园（上图）取代了一处空地。这里有新的植物和一个攀爬藤蔓的花架。排列在主街两侧的灯柱（下图），表露出这个市中心初显的活力

柯因街邻里社区中心
COIN STREET NEIGHBOURHOOD CENTRE

伦敦 LONDON

霍沃思·汤普金斯创造了一个社区中心标志，是功能和想像力的完美融合

By Jenna M. McKnight　王衍 译　戴春 校

建筑师：霍沃思·汤普金斯设计事务所——史蒂夫·汤普金斯（主持建筑师）；Andrew Groarke和Chris Hardie（项目建筑师）；Tom Grieve, Toby Johnson, Lewis Kinneir, Hana Loftus, Will Mesher, Jim Reed, Pascale Shulte, Joanna Sutherland, Tom Wilson, Felis Xylander-Swannel和Akira Yamanaka（项目团队）
业主：柯因街社区建造CSCB
工程师：Price 和 Meyers
结构：Max Fordham
环境与建筑服务顾问：Antoni Malinowski（色彩）；Davis Langdon（度量检测）；Harry Montresor（立面材料）；Colvin 和 Moggeridge（景观）

规模：4万ft²
造价：1240万美元
完成日期：2007年9月

材料/设备供应商
玻璃幕墙：Wicona; Hirsch
玻璃装配：Glaverbel
石材工艺：Baggeridge Brick
屋顶：Alumasc
地板：Ryebrook Resins; Freudenberg Building Systems
地毯：Milliken
灯光：阿尔瓦罗·西扎设计的Lorosae灯具，由Reggiani 提供

30年前，伦敦中心的南岸地区根本没有什么地方能叫作"家"。学校关闭、商铺空置，人口数量急剧下降至4000人，急躁的城市规划者策划拆除所有的房子，为全新的巨型商业项目腾出空间。于是，考虑到邻里社区的代代相传，该地区的居民联合起来成立了柯因街 (Coin Street) 社区建设团 (CSCB)，命名取自穿过该地区核心地带的这条大街。

他们胜利了。1984年，这个非盈利团体靠着租金购买了13英亩地，而这些地现在已经建成为四个福利住宅的城市综合社区。1997年，团体委任了伦敦的设计公司霍沃思·汤普金斯 (Haworth Tompkins) 为这里设计占地2英亩，并包含一座社区中心的福利住宅小区。台阶状的居住建筑围合了一个庭院的三条边，而被覆盖在下面的是一个地下停车库。之前的住宅部分于2001年建成，然后，建筑师开始着手完成剩下的那条边——设计占地4万ft²的柯因街邻里社区中心。

功能

这是一个充满挑战的任务。由于预算原因，业主决定将余留的2.5万ft²打两个包，分两期开发。价值1240万美元的一期工程位于东侧，包含了幼儿园、咖啡吧、若干会议室，还有新的CSCB的总部，以及一个可出租成商店或者餐馆的空间。为了保证这些设施可以适应变化中的需求，一个灵活的平面布置就显得极为重要。此外，建筑需要影射这里已经成为地标的19世纪的砖混连排住宅，但同时又需要大胆的现代美学，对此，建筑在设计上不能胆怯也不能谦逊。CSCB的会长塔克特 (Tuckett) 解释道："我们很快就同意了。"他说："点缀的色彩和活泼风趣的情调应该是他们需要做的一部分。"

解决方案

面对这样复杂的状况，设计团队选择了一个基本的方盒子结构，并设计了丰富的立面和简洁的室内。为了增加视觉冲击，团队依靠建筑里外色彩的大肆挥霍，聘请了艺术家安东尼·马力诺沃斯基 (Antoni Malinowski) 为艺术顾问来完成这些工作。因为建筑中占大部分的现浇混凝土框架是暴露在外的，所以

建筑师坚持使用一种叫做GBBS（粒化高炉矿渣粉）的高标准材料作为水门汀的材料。这给混凝土以光感和奶油般的表面色，设计公司的主持托比·约翰逊 (Toby Johnson) 如是解释。

这个4层房子最令人惊讶的地方是它面向一条热闹大街的南立面。在这里，一个丰富的涟漪起伏的玻璃板网格附着于一面玻璃幕墙上。板材被灌注以黄色和褐色玻璃原料，板材后面则是红色的铝合金框架的支撑。对建筑师来说，这个表皮强调了建筑的横平竖直的形式，同时，这样也能够说服城市规划者的设计充分考虑到街道对面的历史构筑物。

另外一侧的立面可以说是引人

1 社区中心
2 住宅
3 内院

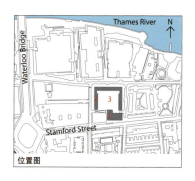

位置图

摄影：© PHILIP VILE（本页图）；EDMUND SUMNER（对页图）

南立面包含了主要的入口（见对页图）以及由彩色陶瓷玻璃组成的玻璃板（本页图）。东侧的砖立面映射了附近的石材建筑

1. 楼梯和电梯
2. 室外游乐场
3. 社区咖啡吧
4. 停车库
5. 住宅

热烟囱对着朝南的玻璃幕墙（左图）放置，引导热空气至屋顶排放。在托儿所里（下图），吸声板加装在顶棚上呈彩色电划线状。由阿尔瓦罗·西扎设计的吊灯补充了自然的光线

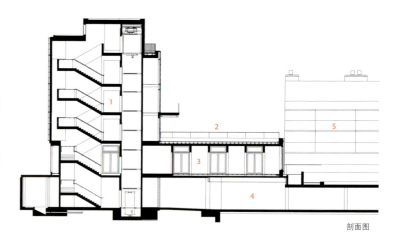

剖面图

摄影© IAIN TUCKETT（上图）；EDMUND SUMNER（下图和对页图）

1. 主入口
2. 大厅
3. 楼梯电梯
4. 社区咖啡吧
5. 多功能房
6. 商业空间
7. 厨房
8. 办公室
9. 室外游乐场
10. 厨房
11. 托儿所

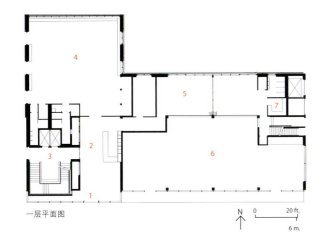

一层平面图

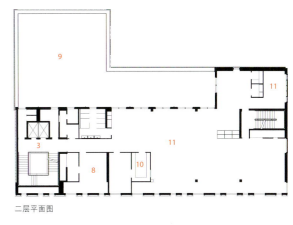

二层平面图

注目的,或者说是有目的性的不同。在东侧,深灰色的砖墙补充了附近的石材建筑,而西侧立面的栅格状混凝土砌块可以非常容易地在第二阶段建造开始时卸载掉。台阶状的北侧立面则效仿它面对住宅的形式,覆盖以原色的木材。

建筑内部的柱子极少,顶棚非常高,平面为开放式。这些给建筑创造了类工业的特色。"你可以把它和晚期维多利亚工业厂房建筑做比较。"据合伙人史蒂夫·汤普金斯(Steve Tompkins)介绍,每一层平面基本上相同,但却容纳了"极端不同的用途"。建筑底层包含了大厅、社区咖啡厅,以及一个3400ft²的、地面至顶棚通高的落地窗的商业空间。建筑师在建筑西侧设置了电梯及楼梯间,特别留意的是这个交通核能够与二期工程共享。造型雄伟的混凝土楼梯引向二层的托儿所,CSCB的办公室在三层,会议室位于四层。而屋顶花园则提供了壮观城市景观的视野。

可持续性是这个设计的主导力量。为了强调被动制冷,建筑师在室内设置了10个高低不同的"热烟囱"面对朝南的玻璃幕墙。这些10ft宽的管子被涂上鲜艳的油漆,将热空气引导至屋顶排风口。其他绿色装置包括了太阳能热水器、雨水收

玻璃板好似巧妙地变换着色彩,这取决于观察的有利点以及一天中的时间。建筑反射着远处的OXO塔楼,也远眺着泰晤士河

北立面面对着一个院子。院子由周围住宅建筑（上左图）围合形成，而屋顶花园（下图）提供了面向伦敦中心的惊人视野。混凝土楼梯间展现了这个项目朴实无华的美感（上右图）

集系统，以及大量使用森林管家委员会（FSC）认证的木材。

点评

自从2007年9月完工以后，这座建筑已获得了许多公众的吹捧——当然是褒奖声。英国皇家建筑师学会RIBA授予其一个设计奖项，同时称CSCB为"年度最佳业主"。

这座建筑做了所有它应该做的：向公众完全开放、内空间可灵活布置、格谦虚却又时髦。南立面的橘黄色显得很不寻常，但对于一座经常被云层覆盖的城市（伦敦）来说，却非常得体。有一稍显不足的因素是，不相同立面的外部设计遵从了周围的其他建筑，但实际上相互之间并没有那么必要。这仅仅揭示了为具有建筑复杂性的城市街区设计一座当代建筑有多困难。不过尽管如此，霍沃思·汤普金斯还是灵巧地成功塑造了经济实用的、应性极强的，同时又具有高度可持续性的建筑。它活跃了街景，也向其繁荣的社区邻里提供了所必需的公益设施。